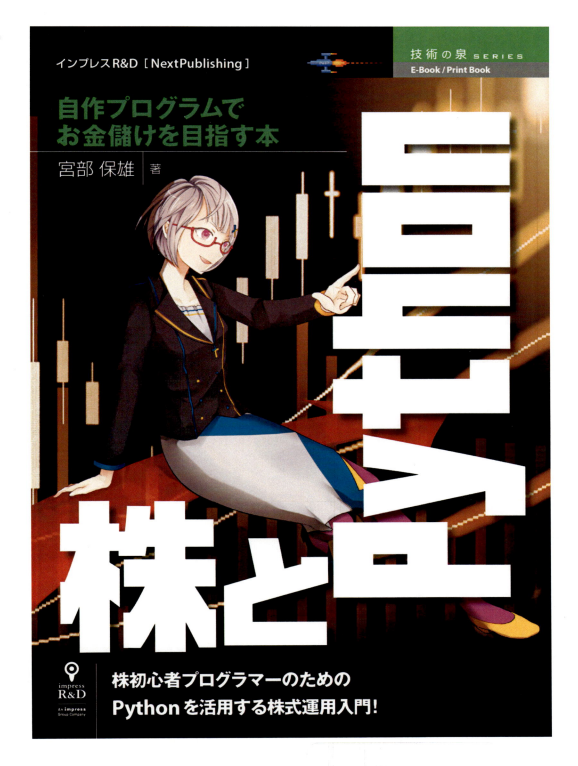

インプレスR&D ［NextPublishing］

技術の泉 SERIES
E-Book / Print Book

自作プログラムで
お金儲けを目指す本

宮部 保雄 著

株とPy

株初心者プログラマーのための
Pythonを活用する株式運用入門！

impress
R&D
An impress
Group Company

JN206563

# 目次

| | | |
|---|---|---|
| はじめに | ······· | 5 |
| 本書の目的 | ······· | 5 |
| Pythonの文法などについて | ······· | 6 |
| ソースコード（サポートページ）について | ······· | 6 |
| 免責事項 | ······· | 6 |
| 表記関係 | ······· | 6 |
| 底本について | ······· | 7 |

### 第1章　株取引の基礎知識 ······· 9

| | | |
|---|---|---|
| 1.1 | 株取引をはじめるには？ ······· | 9 |
| | 1.1.1　口座を開こう ······· | 9 |
| | 1.1.2　源泉徴収あり？　なし？ ······· | 9 |
| 1.2 | 株の買い方・売り方 ······· | 11 |
| | 1.2.1　成行注文 ······· | 11 |
| | 1.2.2　指値注文 ······· | 11 |
| | 1.2.3　特殊注文 ······· | 11 |
| | 1.2.4　単元株 ······· | 12 |
| 1.3 | 株価の決まり方 ······· | 12 |
| | 1.3.1　ザラバ方式 ······· | 12 |
| | 1.3.2　板寄せ方式 ······· | 13 |
| | 1.3.3　特別気配 ······· | 14 |
| | 1.3.4　値幅制限・ストップ高・ストップ安 ······· | 15 |
| 1.4 | 権利確定日・権利落ち日・権利付き最終日 ······· | 16 |
| 1.5 | 株式分割と併合 ······· | 16 |

### 第2章　データー収集と管理 ······· 18

| | | |
|---|---|---|
| 2.1 | 必要なデーター ······· | 18 |
| | 2.1.1　銘柄の情報 ······· | 18 |
| | 2.1.2　過去の株価（4本値） ······· | 20 |
| | 2.1.3　過去の出来高 ······· | 21 |
| 2.2 | データーの保存方法 ······· | 21 |
| 2.3 | 銘柄情報の取得 ······· | 22 |
| | 2.3.1　銘柄情報の入手先 ······· | 22 |
| | 2.3.2　HTMLファイルから取得する方法 - PyQuery ······· | 23 |
| | 2.3.3　ブラウザを操作して取り出す方法 - selenium ······· | 25 |
| | 2.3.4　全銘柄情報をSQLiteに格納する ······· | 26 |
| 2.4 | 四本値（日足）と出来高の取得 ······· | 30 |
| | 2.4.1　過去のデーターを一括取得 ······· | 31 |
| | 2.4.2　日々のデーターを取得 ······· | 35 |
| 2.5 | 上場・廃止情報の取得 ······· | 35 |

|   |   |   |
|---|---|---|
| | 2.5.1 | 上場・廃止情報の入手元 ………………………………………………… 35 |
| | 2.5.2 | 上場・廃止情報のSQLiteへの格納 ……………………………………… 36 |
| | 2.5.3 | 銘柄情報への反映 …………………………………………………………… 37 |

## 2.6 分割と併合への対応 …………………………………………………………… 38
    2.6.1 分割・併合データーの必要性 …………………………………………… 39
    2.6.2 分割・併合データーの取得と保存 ……………………………………… 40
    2.6.3 調整後株価のSQLiteへの格納と更新 ………………………………… 42

# 第3章　取引戦略とバックテスト ……………………………………………………… 46

## 3.1 集めたデーターを眺める …………………………………………………………… 46
    3.1.1 pandasにデーターを読み込む …………………………………………… 46
    3.1.2 グラフ表示する ……………………………………………………………… 47

## 3.2 シミュレーターの作成 ……………………………………………………………… 50
    3.2.1 作成するシミュレーターの要件 ………………………………………… 50
    3.2.2 シミュレーターの構造の概要 …………………………………………… 51
    3.2.3 資産管理クラス：Portfolio ……………………………………………… 52
    3.2.4 注文クラス：Order ………………………………………………………… 57
    3.2.5 シミュレーター本体部分 ………………………………………………… 60

## 3.3 簡単な取引戦略の例：ゴールデンクロスを利用した取引 ……………………… 62
    3.3.1 ゴールデンクロスとデッドクロス ……………………………………… 62
    3.3.2 ゴールデンクロス・デッドクロスでTOPIX CORE 30を売買する戦略 … 63
    3.3.3 シミュレーションのコード ……………………………………………… 65
    3.3.4 ゴールデンクロス・デッドクロス戦略のシミュレーション結果 …… 72

## 3.4 株価以外も使う例：目標株価を利用した取引 …………………………………… 76
    3.4.1 レーティングと目標株価 ………………………………………………… 76
    3.4.2 毎月入金しながら目標株価をみて株を売買する戦略 ………………… 77
    3.4.3 目標株価の取得とSQLiteへの格納 …………………………………… 77
    3.4.4 シミュレーションのコード ……………………………………………… 78
    3.4.5 目標株価を使った取引戦略のシミュレーション結果 ………………… 82

# 第4章　取引戦略の評価手法 …………………………………………………………… 86

## 4.1 最終利益以外の評価方法の必要性 ………………………………………………… 86

## 4.2 簡単な評価指標 ……………………………………………………………………… 86
    4.2.1 勝率 …………………………………………………………………………… 86
    4.2.2 ペイオフレシオ …………………………………………………………… 87
    4.2.3 プロフィットファクター ………………………………………………… 87
    4.2.4 最大ドローダウン ………………………………………………………… 87

## 4.3 指標をシミュレーターに追加 その1 …………………………………………… 88
    4.3.1 勝率・ペイオフレシオ・プロフィットファクターの計算 …………… 88
    4.3.2 最大ドローダウンの計算 ………………………………………………… 90

## 4.4 リスクを考慮した評価指標 ………………………………………………………… 91
    4.4.1 リスクと標準偏差 ………………………………………………………… 91
    4.4.2 シャープレシオ …………………………………………………………… 92
    4.4.3 インフォメーションレシオ ……………………………………………… 92
    4.4.4 ソルティノレシオ ………………………………………………………… 93
    4.4.5 カルマーレシオ …………………………………………………………… 93

## 4.5 指標をシミュレーターに追加 その2 …………………………………………… 94

|  |  |  |  |
|---|---|---|---|
| 4.5.1 | 収益率を求める | ……………………………………………………… | 94 |
| 4.5.2 | 各種指標を求めるコード | ……………………………………… | 95 |

## 第5章　ファンダメンタルズを活用する取引戦略 ………………………… 97

### 5.1　ファンダメンタルズ分析における代表的な指標 ……………………… 97
|  |  |  |  |
|---|---|---|---|
| 5.1.1 | 良い企業を判断するために有用な代表的な指標 | ……………… | 97 |
| 5.1.2 | 割安・割高な株を見つけるのに有用な代表的な指標 | ………… | 99 |

### 5.2　営業利益が拡大している銘柄を買う戦略 ……………………………… 100
|  |  |  |  |
|---|---|---|---|
| 5.2.1 | 戦略の具体化 | …………………………………………………… | 100 |
| 5.2.2 | 比較対象 | ………………………………………………………… | 101 |

### 5.3　営業利益情報の準備 ……………………………………………………… 101
|  |  |  |  |
|---|---|---|---|
| 5.3.1 | ファンダメンタルズ情報の入手先 | …………………………… | 102 |
| 5.3.2 | データーの保存方法 | …………………………………………… | 104 |

### 5.4　戦略の実装 ………………………………………………………………… 105

### 5.5　シミュレーション結果 …………………………………………………… 109
|  |  |  |  |
|---|---|---|---|
| 5.5.1 | 利益の推移 | ……………………………………………………… | 109 |
| 5.5.2 | 評価指標の比較 | ………………………………………………… | 110 |
| 5.5.3 | シミュレーション結果への考察 | ……………………………… | 111 |

## 第6章　つぎの一歩の前に ……………………………………………………… 112

### 6.1　オーバーフィッティングに注意 ………………………………………… 112

### 6.2　「取り引きを高速化して儲ける」はお勧めできません ……………… 112

## はじめに

### 本書の目的

　本書「株とPython─自作プログラムでお金儲けを目指す本」は、Pythonというプログラム言語で作成したプログラムを使って、株にまつわるデーターをWeb上から入手したり、入手したデーターをもとに編み出した取引戦略が有効かどうかシミュレーションしたりしながら、株取引でお金儲けを目指す最初の一歩を踏み出すための本です。

　最初に大事なことを書きますが**目指す**のであって、本書の内容によって、「お金儲けをする」という目標に必ずしも到達できるわけではありません。この本の内容は、プログラムを活用した株式投資のほんの入り口です。そして、なにより筆者自身が残念ながら自慢できるほどには儲かってはいません。

　筆者が株取引を始めたのは2015年4月です。アベノミクスだなんだと、日経平均がガンガン上昇しつづけて、株でかなり儲けたという話があちこちから聞こえてきた頃です。周りが儲けた話を聞いてから動くのは愚策であるとわかってはいても「趣味のプログラミングをいい感じに使って株取引すれば俺も儲けられるんじゃね？」という思いで株取引を始めました。

　とはいえ、最初は株取引に慣れていないとどんなプログラムを書いていいのかわからないので、適当に勘で取り引きを始めたらそれなりに儲かる → ダラダラと適当に売買、悪くない → 調子に乗って種銭を増やす→ 儲けの絶対値がなぜか変わらない、という状態になり、初心に返りプログラムを活用した株取引をしようと、勉強や仕組み作りを2017年ぐらいからちまちまと始めたところです。

　ということで、本書はプログラムを利用した株取引でバリバリ儲けている人が、そのノウハウを読者に伝えるものではありません。皆様より少しだけ先にPythonを活用した株取引を始めた筆者が、今思えば最初に知っておきたかった事や躓いたところなどをふまえて、これまでに習得した知識を纏めています。本書を通じて読者が私より素早くPythonを活用した株取引ができるようになる、または、興味を持っていただけることを願って執筆されたものです。

　「株」と「Python」というキーワードから、機械学習とかディープラーニングなどの話題を期待された方もおられると思います。が、本書にはこれらは登場しません。

　筆者自身、プログラムを活用した株取引を始めた当初からインターネット上の「機械学習で○○の株価を予測！」のような記事を大いに参考にさせて頂いています。しかし、これらの記事だけの知識では、次のような所で躓く可能性があります。

・他の銘柄の予測もしてみたいけど株価データーの入手元が分からない。

・なんとかして入手した株価データーを眺めると、ある日を境にいきなり株価が1/10になっている。このデーターがそのまま使えるのか分からない。

・上場している銘柄はたくさんあるけど、結局、いつ、どの株を買って、いつ売ると、どれだけ儲かる見込みなのかが良くわからない。

　そこで、Pythonを利用した株取引の第一歩を踏み出そうとする本書では機械学習などはおいておき、まずは株取引の基本を押さえ、次に必要なデーターを集め、集めたデーターをつかって取引戦略の有効性を確かめるシミュレーターを作成します。そしてそのシミュレーターでいくつかの取引

戦略をシミュレーションしてみます。ここまでできれば今後は本書の応用で、新しい取引戦略を自分で検証して実際の取り引きに活かすことができます。その時に、機械学習やディープラーニングの利用も考えればよいでしょう。

実際のところ本気で株で儲けるつもりであれば、かかる時間や信頼性を考えれば自分が書いたプログラムでデーターを集めるのではなく、有料のデーターを購入する方がリーズナブルです。また、シミュレーターも同じく市販のシミュレーターを利用する方が間違いはないでしょう。しかし、本書ではプログラミングを楽しむことも目的の一つとし、あえてこれらを自作します。

## Pythonの文法などについて

本書ではPythonの文法などについて、他のプログラミング言語については知っているけどPythonは知らない人がコードを見たときに何を行っているのか想像できないことが予想される部分については適宜解説を行います。しかし、それ以外の部分については解説を行いません。

Pythonはほかの言語に比べ、一般に学習しやすい言語といわれています。またPythonの文法などを解説した書籍やインターネット上の記事も多数あります。本文中のソースコードでわからないPythonの記述があれば書籍やインターネット等で調べて頂くようお願いします。

## ソースコード（サポートページ）について

本書のコードの記載の多くはコードの一部抜粋となっています。コード全体は次のGitHubにて公開しています。本書と合わせてご覧ください。

https://github.com/BOSUKE/stock_and_python_book

## 免責事項

本書は、情報提供のみを目的として作成した物であり、有価証券の取り引きなどの勧誘を目的としたものではありません。

本書の内容についてはなるべく正確を期することを心がけていますが、その内容を保証するものではありません。本書を用いたプログラム開発、開発したプログラムの実行、実行結果に基づく株式運用などは、すべてご自身の責任と判断によって行ってください。これらの行為の結果について著者はいかなる責任も負いません。

## 表記関係

本書に記載されている会社名、製品名などは、一般に各社の登録商標または商標、商品名です。会社名、製品名については、本文中では©、®、™マークなどは表示していません。

本書に記載しているURLなどの情報は2018年10月21日時点のものです。URLなどは変更になっている可能性があります。

## 底本について

　本書籍は、技術系同人誌即売会「技術書典4」および「技術書典5」などで頒布されたものを底本としています。

# 第1章　株取引の基礎知識

　本章では株取引を全く行ったことのない あるいは始めたばかりの方向けに、Pythonを活用した株取引を行う上で、最低限必要となるであろう基礎知識について解説します。

## 1.1　株取引をはじめるには？

### 1.1.1　口座を開こう

　何はともあれ、株取引を始めるには証券会社の口座が必要です。証券会社の口座を開設しましょう。

　実際に株取引をするのは検討中だけど、ちょっと株について興味がある・勉強してみたいという段階でも口座を開いてしまったほうがよいと思います。

　現在、インターネットでの取引をメインとしている主要な証券会社では、口座の開設も維持にもお金は一切かかりません。一方で、口座を開くとWebサイトで様々な投資情報を見れるようになる、様々な便利なツールを利用することができるなど、口座開設はメリットだらけです。

　どの証券会社で口座を開くべきかは、好みの問題です。取引手数料がとにかく安いところやツールが使いやすいところを選ぶのも良いですし、普段自分が利用している銀行と連携しているところを選ぶのも良いでしょう。判断基準は様々です。

　なお、複数の証券会社の口座をとりあえず開いて、そのあとツールの使い勝手などを確かめたうえで、メインで利用する証券会社を決めるというのもアリです。口座開設は無料ですからね。

### 1.1.2　源泉徴収あり？ なし？

　では口座を開くぞ！と口座開設を申請しようとすると、どの証券会社でも特定口座を開設するか否か、開設する場合は源泉徴収あり・なし、どちらにするかを選択することになります。これらの選択によって、納税の方法が変わります。

　この選択は、口座を開いてから実際の取引をすると次の年度まで変更することができません。正確には特定口座預かりとなっている証券を譲渡した、または配当金・分配金等の処理が行われた以降は、次の年度になるまで特定口座の源泉徴収あり・なしの選択が変更できません。それぞれのメリット・デメリットを確認して、適切なものを選ぶとよいでしょう。

**特定口座を開かない**

　　特定口座ではない口座を一般口座といいます。一般口座で行われた取引については、自分自身で年間の取引の内容をまとめ、確定申告を行い納税する必要があります。面倒なだけです。特定口座を開かないことで得られるメリットはありません。なお、一般口座は特定口座を開く・開かないにかかわらず開設されます。

## 特定口座を開く

特定口座で行われた取引については、証券会社が取引を年度ごとにまとめ、年間取引報告書を作成してくれます。

・特定口座を開く＆源泉徴収あり

取引のたびに、証券会社が必要な税金を徴収する方法です。税金は証券会社が税務署に収めてくれます。源泉徴収ありの場合、特定口座で行われた取引については確定申告の必要がありません[1]。

・特定口座を開く＆源泉徴収なし

証券会社が作成した年間取引報告書に基づき、自分で必要ならば確定申告を行い、自分で納税する方法です。給与所得者の場合、例えば、給与所得及び退職所得以外の所得が20万円を超える場合は確定申告が必要です。この20万円には、株の儲けだけでなくネットオークションなどでの儲け（雑所得など）も含まれます。また医療費控除などのために確定申告をする場合は、20万円を超えなくとも株の儲け分もあわせて申告する必要があります。

株の儲けなどが年間で20万円を超えることはないし、医療費控除などで確定申告をすることはないといえるのであれば、特定口座（源泉徴収なし）を選択するのが最も合理的と言えるでしょう。そうではない場合は、源泉徴収あり・なしは、それぞれにメリット・デメリットがあります。どのポイントを重要視したいかによって選べばよいでしょう。なお納税関係の手間は特定口座（源泉徴収あり）が最も少ないので、よくわからなければ特定口座（源泉徴収あり）を選ぶとよいと思います。

## 手間をできるだけ少なくしたい＝源泉徴収あり

株の儲けに対する税金について何もする必要がありません。

## 株の儲けをできるだけ大きくしたい＝源泉徴収なし

源泉徴収は儲けが生じるたびに証券会社に税金分を徴収されてしまいますが、源泉徴収をなしにすれば確定申告を行い納税をするまでのあいだ、源泉徴収では徴収されてしまう分のお金を投資に回せるため儲けを増やせる可能性が高まります。

ただし税金以外の観点で、源泉徴収なしを選択して自分で確定申告するのは不利となるケースがあります。株でいくら儲けようが株の儲けに対する税率は一定です[2]が、確定申告すると国民健康保険料の算定対象となる所得や各種の補助の条件となる所得に株の儲けも合算されてしまい、結果として税金以外のところで不利になる場合があります。

---

1. 源泉徴収ありでも確定申告してよいです。複数の証券会社に口座を持っていて、一部では損失が出ている場合、確定申告することで口座間の利益と損失が合算され源泉徴収された税金の一部が戻ってくる場合があります。また、損失が出ている場合、確定申告をするとその損失を最大3年間繰りこして、次年度以降の利益と相殺できます。
2. 株の売買の利益（譲渡益）に対する税金は、他の所得とは独立して計算され、その税率は一定です。

## 1.2　株の買い方・売り方

　株を売買するには証券会社に注文を出す必要があります。注文には複数の方法があります。まずは、基本の成行注文と指値注文を理解しましょう。

### 1.2.1　成行注文

　成行（なりゆき）注文は、価格を指定せずに銘柄と数量だけを指定して売買の注文を行うことです。正確な売買価格の決まり方は「1.3 株価の決まり方」で説明しますが、買いの場合であれば、市場に売り注文があれば、その中で最も価格が安いものとの間で売買が成立します。売買が成立することを約定（やくじょう）といいます。逆に売りの場合であれば、市場に買い注文があれば、その中で最も価格の高いものとの間で約定します。

　実際にいくらで売買が成立するか、注文をした時点でわからないのが欠点ですが、約定しやすい利点があります。後述する指値注文と成行注文では、成行注文が優先して約定します。また、同じ注文であれば早い時間に出された注文が遅い時間にだされた注文に優先されます。

### 1.2.2　指値注文

　指値（さしね）注文は、価格と銘柄と数量を指定して売買の注文を行うことです。買いの場合は、市場に注文した価格以下の売り注文があれば、その売り注文との間で約定します。逆に売りの場合は、市場に注文した価格以上の買い注文があれば、その買い注文との間で約定します。

　約定する場合は、注文したときと同じ、またはそれより有利な価格で約定するのが利点ですが、わずかでも注文価格より不利な状況では約定しないため、すぐに株を買いたい・売りたいという場合には不向きです。

### 1.2.3　特殊注文

　成行注文・指値注文以外の注文のうち、よく使われる注文について次にまとめます。これらの注文は、特殊注文と呼ばれる場合があります。なお、特殊注文は証券会社ごとに利用できる注文に差があります。

**逆指値注文**

　逆指値注文では、トリガーとなる価格とトリガーが成立した場合に行う成行注文、または指値注文をあわせて注文します。買いの場合は、トリガーとして指定した価格以上の株価になると、指定しておいた成行注文または指値注文が有効となります。売りの場合は、株価がトリガー価格以下に下がると、指定しておいた成行注文または指値注文が有効となります。

　逆指値注文は、万一の株価急落に備えるために有効です。常に株価をチェックできる状況ではない場合、逆指値の売り注文を入れておけば、万一トリガー価格以下に株価が下落した場合に、自動でその株を売るための成行注文または指値注文が有効になります。

**不成注文**

　不成（ふなり）注文は、指値注文が取引時間中（ザラバといいます）に約定しなかった場合は、

取引時間の最後の取引（引け、といいます）において、その注文を成行注文に変更する機能を持たせた指値注文のことをいいます。取引時間は、午前の前場（ぜんば）と午後の後場（ごば）のふたつに分かれており、前場に出された不成注文は前場中に約定しなければ前場の引けで成行注文となり、後場に出された不成注文は後場中に約定しなければ後場の引けで成行注文となります。証券会社によっては、前場で行った注文でも前場の引けで成行注文とはならず、後場の引け（大引け、といいます）で初めて成行注文となる大引不成注文が可能です。

不成注文は、例えば「この株を○○円以上で売りたい。でも、売れないからといって明日には持ち越したくない」といった場合に使うと効果的な注文方法です。

**OCO注文**

OCO注文は、ふたつの注文を組み合わせて行います。OCOは **O**ne side done then **C**ancel the **O**ther orderの略です。その名が示す通りどちらか片方の注文が約定した場合は、もう片方が自動で取り消しとなる注文方法です。OCO注文は証券会社によって呼び方が異なっています。「逆指値付き通常注文」「ツイン指値注文」「W指値」「デュアル注文」などと呼ばれているものが、OCO注文です。例えば「この株が○○円になったら売って利益を確定したいが、万が一株価が△△円以下になってしまった場合は損切りしたい」といったときに、OCO注文は役に立ちます。この場合、○○円での指値での売り注文と、△△円をトリガーとする逆指値の注文をOCO注文します。

### 1.2.4 単元株

取引所では、株は単元株という単位で売買されます。ほとんどの銘柄において1単元の株数は100株ですが、1単元が1000株の銘柄や、1口単位で株と同様に売買されるETFやリート（REIT）などがあります。

例えば、100株が1単元の銘柄の場合、取引所における株の売買は100株、200株、300株……と100の倍数の株数で行われ、10株や110株のような中途半端な株数での取引はできません。ただし、証券会社によっては複数の投資家からの単元株未満の売買注文を単元株の注文にまとめることで単元株未満の株数の注文を行えるようにした、ミニ株という仕組みを用意しているところがあります。

## 1.3　株価の決まり方

最後に約定した時の株価が、その銘柄の株価です。売買が成立して初めて価格が付きます。誰も買わない・だれも売らない株の株価は決められません。本節では、約定価格がどのように決まるのかを説明します。

約定価格は、買い注文と売り注文をいい感じに調整することで決まります。その調整にはザラバ方式と板寄せ方式というふたつの方法が使われます。

### 1.3.1　ザラバ方式

取引時間中のことをザラバといいますが、このザラバで通常行われる約定価格決定方法がザラバ方式です。

取引所に出されていてまだ約定していない買い注文と売り注文は、板（いた）と呼ばれる表1.1の

ような表で表現されます。板に表示されている、買いたい市場参加者（＝買い方、かいかたと読みます）が希望する値段と、売りたい参加者（＝売り方、うりかたと読みます）が希望する値段を気配値（けはいね）といいます。板のこと自体を気配値と呼ぶ場合もあります。

表1.1: 板の例

| 売り数量 | 価格 | 買い数量 |
|---|---|---|
| 300 | 104 | |
| 200 | 103 | |
| 200 | 100 | |
| | 99 | 100 |
| | 96 | 200 |
| | 95 | 100 |

　表1.1の例の場合、100円で株を売りたいという注文が200株分、103円で株を売りたいという注文が200株分、104円で売りたいという注文が300株分、99円で株を買いたいという注文が100株分、96円で株を買いたいという注文が200株分、95円で株を買いたいという注文が100株分あることを示しています。

　この状態で、新しい注文が行われた場合の約定価格と板の状態変化について、次にいくつかの例を示します。

### 300株の成行買い注文が行われた場合

　100円で200株、103円で100株約定します。板の103円の売り数量が100株に変化します。株価は103円になります。

### 97円で300株の指値売り注文が行われた場合

　99円で100株だけ約定します（97円ではありません）。そして残りの97円での200株の売り注文が板に追加されます。株価は99円になります。

### 99円で200株の指値買い注文が行われた場合

　約定しません。板の99円の買い数量が300株に変化します。株価は変化しません。なお、そのあとで成行の売り注文が100株出た場合に、約定するのは99円での指値買い注文のうち先に注文されていた100株の注文です。

　このように、新たな注文が出るたびに、その注文をすでに出ている注文とぶつけて約定価格を決めて、約定を行っていく方式がザラバ方式です。

### 1.3.2　板寄せ方式

　取引所における1日の取引時間は、午前の前場（ぜんば）と午後の後場（ごば）に分かれています

第1章　株取引の基礎知識　13

が、取引所は取引時間外である前場の前、そして後場の前にも注文を受け付けています。場が開く前に受け付けた注文は、場が開いた最初に処理され最初の価格が決まります。この場がひらく最初の取引を寄付（よりつき）といいますが、板寄せ方式はこの寄付と場の最後の売買（引けといいます）と「1.3.3 特別気配」で説明する特別気配の時に適用される価格決定方法です。

　板寄せ方式は、ざっくりいうと現在行われている買い注文と売り注文がちょうどよいバランスとなるポイントを約定価格として売買を成立させる方式です。具体的には次に示す3つの条件をすべて満たす価格を約定価格とします。

　　1．成行の買い注文と成行の売り注文がすべて約定する。
　　2．約定価格より高い買い注文と、安い売り注文がすべて約定する。
　　3．約定価格において、売り注文または買い注文のどちらかの全てが約定する。

　言葉にすると何やら難しいですが、成行注文や価格の違う様々な指値注文が混在している状態から、表1.1の板のような、約定せずに残っている成行注文がなく（1.の条件）、ある値（例の板の場合、99〜100円）を境にその境以上の価格での未約定の買い注文がなく、境以下の価格での未約定の売り注文がないようにする（2.と3.の条件）のが板寄せです。

## 1.3.3　特別気配

　ザラバにおいて新たな注文を行った時に、その注文を約定できる反対の注文が板に存在する場合、通常は即座に約定します。しかし、新たな注文をそのまま約定させると約定価格が直前の約定価格よりあらかじめ定められた値幅（気配の更新値幅といいます）より大きく変動してしまう場合は、特別気配という特別な状態になります。

　表1.2は、株価が110円の時に1000株の成行買い注文が行われたときの板です。気配の更新値幅の制限がなければ、この1000株成行買いの注文は120円の売り注文と約定するのですが、それでは値動きが気配の更新値幅（株価が200円未満のときは5円）を超えてしまうため特別気配になります。特別気配中は、表1.2のように板に "S" や "特" といったマークが表示されます。今回の場合、特別気配となる前の株価が110円でしたので、気配の更新値幅5円分高い115円での買いの特別気配として表示されています。

表 1.2: 特別気配

| 売り数量 | 価格 | 買い数量 |
|---|---|---|
| | 略 | |
| 2000 | 120 | |
| | 115 | [S] 1000 |
| | 110 | 200 |
| | 108 | 100 |
| | 略 | |

　特別気配中はザラバ方式による約定は行われず、特別気配値で板寄せが行われます。今回の例であれば、115円では1000株の成行買い注文を約定させることができないため、「1.3.2 板寄せ方式」で説明した板寄せ時の約定価格の条件を満たしません。

　この状態になってから3分の間に新しい売り注文が出されて、115円が板寄せ時の約定価格の条件を満たすと特別気配は解除され株価は115円となります。一方、3分経っても115円が約定価格の条件を満たさない場合、特別気配値が気配の更新値幅分繰り上がり120円となります。120円であれば板寄せ時の約定価格の条件を満たすため1000株の成行買い注文は120円で約定し、特別気配は解除されます。

　今回の例では1回の繰り上がりで特別気配が解除されましたが、繰り上がり後の特別気配値が再度3分間、約定価格の条件を満たさない場合は、さらに特別気配値が繰り上がります。なお、これまでは買いで発生した特別気配の例を説明してきましたが、特別気配は売りでも発生します。その場合、板寄せ時の約定価格の条件が満たされないときは、特別気配値は切り下がっていきます。ただし、買いの特別気配も売りの特別気配でも、繰り上がり・繰り下がりは、「1.3.4 値幅制限・ストップ高・ストップ安」で説明する値幅制限まででストップします。

### 1.3.4　値幅制限・ストップ高・ストップ安

　1日の取引における株価の変動幅には、一定の制限があります。この制限のことを値幅制限といいます。値幅制限は、前日の最後の株価（終値）により決まります。例えば、終値が100円以上200円未満であれば50円、200円以上500円未満だったら80円などです。

　前日の株価±値幅制限の価格になると、その日はそれ以上、またはそれ以下の株価にはなりません。上限まで株価が上がった状態をストップ高、下限まで株価が下がった状態をストップ安といいます。

　引けの株価は「1.3.2 板寄せ方式」で説明した通り板寄せ方式で行われますが、成行注文が買い、または売りのどちらかに集中してストップ高・ストップ安となっている場合、大引けにおいて成行注文をすべて約定させることができない場合があります。そのような場合は、特別に成行注文を制限

第1章　株取引の基礎知識　15

株価における指値注文とみなして約定できる株だけ約定させます。これをストップ配分といいます。

　ストップ配分となった場合、売買が成立した株数が証券会社ごとに発注数量に比例して取引所から配分されます。証券会社に配分された後、各投資家への配分のやり方は証券会社ごとに決められていますが、多くの場合注文時間順に割り当てが行われます。

## 1.4　権利確定日・権利落ち日・権利付き最終日

　株を買って株主となると、配当や株主優待を得る権利など、株主としての様々な権利が与えられます。しかし、その権利は株を買った瞬間に与えられるものではなく、またずっと株主であり続けないと与えられないものでもありません。たった1日、特定の日の後場の取引終了時点で株を所有してさえいれば（＝株主名簿に名前が載っていれば）、株主としての権利を得られます。この権利が与えらえる人が決まる日のことを権利確定日と言います。

　ある銘柄の権利確定日が表1.3のように、ある月の30日（火曜日）だったとしましょう。この場合、30日に株を買っても権利は得られません。なぜならば、株は買ったその日にその人のものになる(＝株式名簿に名前が載る)わけではなく、購入した日を含め、4営業日後に受け渡される決まりになっているためです。30日時点で株式名簿に名前が載っているためには、その3営業前の24日にまでに株を買っておく必要があります。この権利確定日に株主名簿に名前が載るために株を購入する、ギリギリ最後の締め切り日のことを権利付き最終日や権利付き最終売買日などと呼びます。

表1.3: 権利確定日・権利付き最終日・権利落ち日

| 24日（木） | 26日（金） | 27日（土） | 28日（日） | 29日（月） | 30日（火） |
|---|---|---|---|---|---|
| 権利付き最終日 | 権利落ち日 | （休日） | （休日） | | 権利確定日 |

　権利付き最終日の次の日以降に株を買っても、権利確定日に株主名簿に名前が載らないので、株主としての権利を得ることができません。逆に、すでに株を持っていた人は権利付き最終日の次の日以降に株を売っても権利を得ることができます。この権利付き最終日の次の日のことを、権利落ち日と呼びます。多くの場合、権利落ち日に株価は下がります。

## 1.5　株式分割と併合

　株価が上昇を続けると、一単元の売買に必要な金額が大きくなり、株が簡単に買えず、また売れない状態になってしまいます。このように、簡単に株が売買できない状態を「市場流動性が低下している状態」といいます。

　この状態を打開するために株式分割が行われる場合があります（別の理由で行われる場合もあります）。

　株式分割とは、ある日を基準日として株を分割比率に応じて分割することです。例えば、表1.3と同様にある月の30日（火曜日）を基準日として1:10の株式分割が行われる場合、権利付き最終日である24日までに株を買っていた人は、保有する1株が10株に分割されます。分割によって株数は増

えますが、分割そのものによって株全体の価値が変化するわけではないので1株の価格は10分の1に下がります。一方、権利落ち日以降に株を買った人は、株式分割が行われません。そのため1:10の株式分割であれば、権利落ち日の株価は権利付き最終日のおおよそ10分の1になります。おおよそなのは、分割がなくとも1日の間に株全体の価値は変化するためです（毎日株価は変化している）。

　株式分割の逆で、ある日を基準日として複数の株を比率に応じてまとめる株式併合が行われる場合もあります。

# 第2章　データー収集と管理

本章では、株の売買戦略を検討するために必要となるデーターの集め方と、集めたデーターの管理方法について、筆者が行っている方法をもとに説明します。

データー収集並びに管理は、本書のタイトルにあるようにPythonを用いて行います。

## 2.1　必要なデーター

データーの分析結果をもとに株の売買戦略をたてたり、その戦略が使えそうかをテストしたりするために必要なデーターとはなんでしょう？できるだけ株を安く買って高く売る（もしくは高く売って安く買い戻す）ことが目的ですから、それぞれの銘柄についての過去の株価推移のデーターは最低限必要でしょう。また、上場している銘柄は多数あるので、どのような銘柄が存在するのかのデーターも最低限必要でしょう。

本節では、株のデーター分析と売買戦略の検討を行う際に、最低限必要、またはあった方がよいと筆者が思うデーターについてまとめます。

### 2.1.1　銘柄の情報

東証に上場している会社は、2018年10月12日時点で3637社にもなります。また、東証ではETFやREITなど、株以外の金融商品も取り引きが行われています。ETFとREITは株と同じ注文方法で売買できるため、本書では特に断りがない限りETFとREITの取り引きも「株取引」の範疇に入れています。

#### ETF

取引所に上場したインデックスファンドをETFといいます。インデックスファンドとは、日経平均株価や東証株価指数（TOPIX）などの特定の指数の動きに連動する運用成果を目指した投資信託のことです。ザックリ理解するのであれば、ETFとは"特定の指数に連動して価格が変化する銘柄"だと思っておけばよいでしょう。

#### REIT

REITとは投資家から集めた資金をもとに不動産への投資を行い、その利益を投資者に配当する商品です。ザックリ理解するのであれば、REITとは"事業内容が不動産の運用に限定された会社の株"のようなものと思っておけばよいでしょう。

株、ETF、REITなどそれぞれの銘柄には、4桁の数字からなる固有のコードが割り当てられています。このコードのことを銘柄コードと呼びます。データー収集・分析を行うとき、銘柄を選択するキーとして会社名を使うより銘柄コードを利用したほうが間違いがなく簡便です。

なお、1993年7月以降、使われなくなったコードを使いまわすことが行われなくなったため、近年、銘柄コードは番号が不足してきています。そのため番号が枯渇した場合、新たに割り当てられ

るコードには数字だけでなくアルファベットの大文字も組み合わせる方針となっています。今から株を扱うソフトウェアを作成する場合は、銘柄コードが4桁の数字であることは前提としない方がよいでしょう。

　次に、銘柄ごとに異なる情報であり、売買戦略の検証を行う際に必要と考えられるのが「1.2.4 単元株」で解説した単元株数の情報です。一回の取り引きで何株売買するのかを決めるうえで単元株数の情報が必要です。

　そのほかにあった方がよいと思うものも含めると、銘柄ごとに次の情報があればまずは十分でしょう。

## 銘柄コード

　銘柄を識別するために利用します。

## 銘柄名（会社名）

　銘柄コードのみで銘柄は識別できますが、銘柄コードだけだと どの銘柄を操作しているのか分からなくなるときがあるので、銘柄コードと銘柄名の組み合わせの情報は持っていた方がよいでしょう。

## 単元株数

　「1.2.4 単元株」で解説していますので、そちらを参照してください。

## 上場市場

　東証には、東証一部、東証二部、マザーズ、ジャスダックの株式市場のほか、ETF、REITの市場があります。それぞれの株式市場は異なる上場基準を持っています。東証一部に上場するためには、株主数や流通株式数、時価総額、純資産、利益、設立年数などの厳しい条件を満たす必要があります。一方、ジャスダックやマザーズなどの市場は、東証一部・東証二部に比べると上場基準はゆるく、多くのベンチャー企業（新興企業）が上場しており、これらの市場をまとめて新興市場と言います。一般に新興市場の銘柄は、東証一部・二部の銘柄に比べハイリスクハイリターンであるといわれています。ターゲットとする市場を絞る場合などのために、銘柄がどの市場に上場しているのかの情報は持っていた方がよいでしょう。

## セクター（業種）

　銘柄コードの設定を行っている「証券コード協議会」では、業種（セクター）を10の大分類と33の中分類に分けています。特に、中分類は東証33業種といわれ、企業の業種を分類する際に広く利用されています。表2.1が東証33業種です。その時々の社会の様子によっては、特定のセクターの銘柄の株価が全体的に上昇する・下落する場合があります。そのため、どの銘柄がどのセクターに属しているかという情報は、データー分析で役に立つ可能性があります。

表 2.1: 東証 33 業種

| 水産・農林業 | 鉱業 | 建設業 | 食料品 | 繊維製品 |
| --- | --- | --- | --- | --- |
| パルプ・紙 | 化学 | 医薬品 | 石油・石炭製品 | ゴム製品 |
| ガラス・土石製品 | 鉄鋼 | 非鉄金属 | 金属製品 | 機械 |
| 電気機器 | 輸送用機器 | 精密機器 | その他製品 | 電気・ガス業 |
| 陸運業 | 海運業 | 空運業 | 倉庫・運輸関連業 | 情報・通信業 |
| 卸売業 | 小売業 | 銀行業 | 証券、商品先物取引業 | 保険業 |
| その他金融業 | 不動産業 | サービス業 | | |

## 2.1.2 過去の株価（4本値）

一定期間ごとの株価の推移を表現する場合、四本値（よんほんね）が広く使われています。四本値は、ある一定期間における始値・高値・安値・終値の4つの価格のことです。

**始値（はじめね）**
その期間で最初についた価格のこと
**高値（たかね）**
その期間で最も高い価格のこと
**安値（やすね）**
その期間で最も安い価格のこと
**終値（おわりね）**
その期間で最後についた価格のこと

図 2.1: ローソク足

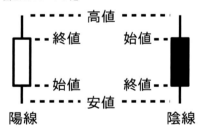

四本値を図2.1のような図で示したものをローソク足とよび、このローソク足を並べたグラフが最もポピュラーな株価遷移の表記方法と言えるでしょう。始値に比べて終値が高い場合の線を陽線（ようせん）、安い場合の線を陰線（いんせん）と呼びます。ひとつのローソク足の期間が1日のものを日足、1週間のものを週足、1ヶ月のものを月足と呼びます。

より期間が短い4本値をもっていれば、それより長い足はすぐに求められるので、それぞれの銘柄の過去の日足のデーターがあればよいでしょう。なお、取引時間中に何回も売買を繰り返すデイトレードにおいては、日足よりももっと区間の短い、5分足や分足なども利用されています。

### 2.1.3 過去の出来高

出来高とは、一定期間において売買が成立した株数のことです。4本値（ローソク足）と同様に、1日ごとの出来高を分析に使う場合もあれば、長い期間での出来高を使う場合もあります。

出来高が増えるということは売買が活発になったことの表れで、それだけその銘柄への注目度が上がっているといえます。一般に、株価が上昇してくると、もっと高くなると期待して買う人が増える一方、株価が上がるのを待っていた人の売りも増えるため出来高が増えるといわれます。逆に株価が下落した場合、売るタイミングを見過ごした投資家は売りを控えるようになる一方で、買い方はもっと下がるのではと買いを控えるために出来高は少なくなるといわれています。

このように出来高の推移と株価の推移には一般に関連性があるといわれるため、4本値と同じ区切りの出来高の過去データーも入手しておくと分析に役立つことでしょう。

## 2.2　データーの保存方法

プログラムで分析することを考えれば、入手した株価データーなどはプログラムから扱いやすい形式で保存されていることが望ましいです。Pythonを使ってデーター分析をする場合、CSVファイルなどのテキストファイル、またはSQLiteなどのデーターベースにデーターを保存すると扱いやすいと思います。CSVファイルやSQLiteなどであれば、Pythonの機能を利用して簡単にプログラムにデーターを読み込ませることができます。

### CSVファイル

いわずと知れた「,」（カンマ）で項目が区切られたテキストファイルです。例えば、日足データーのCSVファイルでは、銘柄ごとにファイルを分けて、それぞれのファイルにはその銘柄の日付と四本値と出来高を一行ごとに記録するとよいでしょう。全銘柄のデーターをひとつのCSVファイルにしても良いですが、特定の銘柄の日足データーだけ必要な場合でも、ファイル全体を走査しなければならず処理が冗長になります。　単なるテキストファイルなので、何か記録しているデーターに問題があった場合に、特別な知識を必要とせずにデーターを修正できるのが利点です。しかし、複数銘柄にまたがる修正などが必要となった場合など、全銘柄約3600の情報を矛盾や漏れなく更新しようとするのは大変な作業となるでしょう。

### SQLite

日足データーなどは、何かしらのデーターベースシステムを用いて管理するのがお勧めです。データーベースシステムには、検索や集計の機能、また、データーを整合性を保ったまま維持管理するための様々な機能が備わっています。これを活用しない手はありません。データーベースシステムは様々ありますが、個人の株のデーター解析という目的に対しては、SQLiteというデーターベースを使うのがお勧めです。SQLiteは次に示す特徴があります。

- サーバーがいらず、すぐ使える

    SQLiteはデーターベースサーバーとして動作するわけではなく、アプリケーション側に組み込んで利用する形態のソフトウェアです。設定なども特に不要ですぐに使え、簡便です。

- データーが保存されるファイルがひとつ

SQLiteのデーターは単一のファイルに記録されます。データーベース上のデーターを他のマシンに移したい場合は、そのファイルを移動させるだけで完了です。バックアップもファイルをコピーするだけです。

なおSQLiteは、メジャーバージョン2と3の間に互換性がないため、どちらのバージョンのSQLiteであるかを明示するためにSQLite2、SQLite3と表記される場合があります。とはいえ、現在においてSQLiteと表記されている場合、それはSQLite3のことを示していると思ってほぼ間違いないでしょう。

## 2.3 銘柄情報の取得

本節からようやくPythonのプログラムを使って分析に必要なデーターを集めていきます。

まずは、「2.1.1 銘柄の情報」で説明した銘柄情報を集めます。

### 2.3.1 銘柄情報の入手先

インターネットには、株関連のデーターやニュースなどを配信しているサイトが多数あります。銘柄情報はそれらのサイトから入手するとよいでしょう。

今欲しい情報は、銘柄コード・銘柄名（会社名）・単元株数・上場市場・セクターです。よって、これらの情報がひとつのページにまとめて表示されているサイトがデーター集めしやすいサイトと言えます。また、次のように銘柄コードの部分だけを変更すればその銘柄の情報が表示されるようなURLになっているサイトだとさらにデーター集めがしやすいでしょう。

```
※ NNNN が銘柄コード
https://○○○○/△△△△/?code=NNNN
https://○○○○/△△△△/XXXX/××××
```

これらの条件を満たすサイトの一例を以下に示します。なお、Yahooファイナンスもこの条件を満たしますが、Yahooファイナンスのサイトはスクレイピング（データーをプログラムで集める行為）が明示的に禁止されているため除外しています。

- 株探 https://kabutan.jp/
- トレーダーズ・ウェブ http://www.traders.co.jp/
- みんなの株式 https://minkabu.jp/
- 楽天証券 https://www.rakuten-sec.co.jp/
- 株マップ http://jp.kabumap.com/

それぞれのサイトをブラウザで開き、個別銘柄の情報ページを開いてそのURLを確認してみてください。URLに銘柄コードが含まれており、その部分を書き換えれば別の銘柄の情報が表示されるはずです。次の節では表示されている情報から必要なデーターをプログラムで取得していきます。

### 2.3.2　HTMLファイルから取得する方法 - PyQuery

　Webサイトが返すHTMLデーター内に欲しいデーターが含まれている場合、PyQueryという
Pythonのライブラリーを利用すると簡単にデーターを取り出すことができます。PyQueryはHTML
内の要素をCSSセレクタで選択することができるライブラリーです。

　HTML内のデーターを取得するPythonのライブラリーにはPyQueryの他にBeautifulSoupなど
が有名です。幾つかライブラリーを使ってみて自分にしっくりくるものを使うのがよいでしょう。

　なお、サイトによってはJavaScriptで動的にページを生成しており、HTMLデーターには取り出
したいデーターが存在しない場合があります。そのような場合は、PyQueryではなく「2.3.3 ブラウ
ザを操作して取り出す方法 - selenium」で紹介するseleniumを使った方法でデーターを取り出すと
よいでしょう。

１．PyQueryのインストール
　次のコマンドを実行するだけです。

```
pip install pyquery
```

２．PyQueryの使い方
　次に示す例は、株探の銘柄コード7203（トヨタ自動車）のページ（図2.2）の○の中に書かれてい
る業種を取得しているコードです。このコードを実行すると、期待通り"輸送用機器"という文字
列が表示されます。

```
1: from pyquery import PyQuery
2:
3: q = PyQuery('https://kabutan.jp/stock/?code=7203')
4: sector = q.find('table.kobetsu_data_table2 a')[0].text
5: print(sector)
```

第2章　データー収集と管理　23

図 2.2: 株探で銘柄コード 7203 を開いたところ

コードの 4 行目で呼び出している PyQuery の find オブジェクトの引数は CSS で使われるセレクタです。図 2.2 の HTML ソースの一部を次に抜粋しました。

```html
<!--kobetsu_data_table2-->
<table class="kobetsu_data_table2">
<tr>
 <td>業績：
   <img src="/images/cmn/gyouseki_2.gif" alt="今期予想" ～略～ />
 </td>
</tr>
<tr>
 <td style="text-align:center;">
   <a href="/themes/?industry=17&market=1">輸送用機器</a>
 </td>
:略
```

いま参照したいのは、このコード中の "輸送用機器" という文字が含まれている場所です。この文字列は "kobetsu_data_table2" というクラス名が付けられた table タグの下の階層の最初の a タグの中身です。そこで、find メソッドの引数に "kobetsu_data_table2" というクラスが設定された table タグ配下の a タグを選択するという意味のセレクタを指定しています。find メソッドはセレクタに合致する要素を配列で返却するため [0] で先頭の要素を参照し、その中身のテキストを取得しています。

代表的な CSS セレクタの書き方を表 2.2 に示します。なお、CSS セレクタは PyQuery 固有の仕組

みではなく、一般的なWebページなどで利用されているもので、その書き方についてはインターネット上に優れた解説記事が複数あります。詳細はそちらを参照してください。

表2.2: 代表的なCSSセレクタ

| 書き方 | 指定される対象 |
|---|---|
| 要素 | 指定の要素 |
| .クラス名 | 指定のクラス属性を持つ要素 |
| #ID名 | 指定のID属性を持つ要素 |
| A B | A要素の内側にある全てのB要素 |
| A > B | A要素の直下にあるすべてのB要素 |
| A:eq(n) | （複数の）A要素のなかのn番目のA要素 |

### 2.3.3 ブラウザを操作して取り出す方法 - selenium

JavaScriptで動的にページ内容を生成しているサイトでは、PyQueryのようにHTMLファイルからデーターを取得することができません。

例えば、図2.3は株マップ.comのトヨタ自動車のページを開いたところですが、サーバーから送られてきたHTMLファイルを見てみると、この図の○の中に書かれている単元株数の個所は次のように中身が空になっています。

図2.3: 株マップ.comで銘柄コード7203を開いたところ

```
<td class="key">単元株数</td><td class="val"><span id="minUnit"></span></td>
```

このようなサイトからデーターを取り出すには、seleniumというツールを使うのがお勧めです。seleniumはPythonから利用可能です。

１．seleniumのインストール

　seleniumと、seleniumが各種ブラウザを操作するときに利用するAPIのブラウザごとの実装である WebDriverをインストールします。

　selenium自体のインストールは、次のコマンドを実行するだけです。

```
pip install selenium
```

　WebDriverは、FireFoxを操作するにはgeckodriver、Chromeを操作するにはChromeDriverといった具合に、操作対象ブラウザにあったものをインストールします。FirefoxとChromeのWebDriverの入手先サイトは次の通りです。どちらもseleniumを利用するOSに対応するWebDriverのアーカイブをダウンロード後、アーカイブ内の実行ファイルをパス通ったディレクトリに配置するだけでインストールが完了します。

　　・Firefoxを使う場合https://github.com/mozilla/geckodriver/releases よりgeckodriverを入手
　　・Chromeを使う場合https://sites.google.com/a/chromium.org/chromedriver/downloads よりChromeDriverを入手

２．seleniumの使い方

　次に示す例は、株マップ.comのトヨタ自動車のページ（図2.3）より単元株数を取得しているコードです。実行すると期待通り100と表示されます。

　なお、この例ではブラウザにFirefoxを使っています。CSSセレクタを使って単元株の情報が含まれている<span id="minUnit"></span>の中身を取得しています。

　CSSセレクタではなく、IDそのものを引数とするfind_element_by_idというメソッドもあります。今回はPyQueryと説明を合わせるためにCSSセレクタを利用してみました。

　Firefox以外のブラウザを利用する場合は、そのブラウザに対応するWebDriverをインストールしたうえで、コード中のFirefoxの部分を使いたいブラウザに変更します。

```
1: from selenium import webdriver
2: url = 'http://jp.kabumap.com/servlets/kabumap/Action' \
3:       '?SRC=basic/top/base&codetext=7203'
4: driver = webdriver.Firefox()
5: driver.get(url)
6: unit = driver.find_element_by_css_selector('#minUnit').text
7: print(unit)
```

### 2.3.4　全銘柄情報をSQLiteに格納する

　PyQueryやseleniumなどを使えば、Webサイトに表示されている銘柄情報をプログラムから取得できることが分かりました。これまでの例では業種と単元株だけをWebサイトより取得しましたが、これを拡張し必要な銘柄情報をすべて取得できるようにします。また、取得したデーターを

SQLiteに格納します。

## 1．テーブルの準備

SQLiteのテーブルの生成はPythonプログラムから行っても良いですが、最初の一回だけしか行わない作業ですので、SQLiteをコマンドラインやGUIで操作できるツール（管理ツール）を操作して作成するのがお手軽です。

なお、SQLiteの管理ツールは様々なものがありますが、筆者のお勧めはDB Browser for SQLiteというソフトウェアです。http://sqlitebrowser.org/で配布されています。

本書では銘柄データーを保存するテーブルとして、次のようにbrandsテーブルを作成しました。ログ等に銘柄の正式名称を掲載すると、長い銘柄名もあり見づらくなるため、銘柄名の略称も属性として持たせることにしました。

```
CREATE TABLE brands (
        code TEXT PRIMARY KEY, -- 銘柄コード
        name TEXT,             -- 銘柄名（正式名称）
        short_name TEXT,       -- 銘柄名（略称）
        market TEXT,           -- 上場市場名
        sector TEXT,           -- セクタ
        unit INTEGER           -- 単元株数
);
```

## 2．銘柄情報の取得とSQLiteへの格納

銘柄コードをURLに含むWebサイトに対して、0000から9999まで銘柄コードを変更しながらアクセスを繰り返せば全銘柄の情報を取得できます。

リスト2.1のinsert_brands_to_db関数は、引数db_file_nameで指定されたSQLiteファイル内のテーブルbrandsに、引数code_rangeで指定された範囲の有効な銘柄コードに対する銘柄情報を格納する関数です。

例えば、この関数を本書執筆時点で最も小さな有効な銘柄コードである1301から最も大きな9997の範囲で動かすためには、コードからinsert_brands_to_db(db_file_name, range(1301, 9998)) と呼び出します。

リスト2.1: 銘柄情報を取得しSQLiteに格納する

```
1: from pyquery import PyQuery
2: import time
3: import sqlite3
4:
5:
6: def get_brand(code):
7:     url = 'https://kabutan.jp/stock/?code={}'.format(code)
```

第2章　データー収集と管理 | 27

```python
 8:
 9:     q = PyQuery(url)
10:
11:     if len(q.find('.stock_st_table')) == 0:
12:         return None
13:
14:     try:
15:         name = q.find('#kobetsu_right > h4')[0].text
16:         short_name = q.find('td.kobetsu_data_table1_meigara')[0].text
17:         market = q.find('td.kobetsu_data_table1_meigara + td')[0].text
18:         unit_str = q.find('.stock_st_table:eq(1) > tr:eq(5) >' \
19:                           ' td.tar:eq(0)')[0].text
20:         unit = int(unit_str.split()[0].replace(',', ''))
21:         sector = q.find('.kobetsu_data_table2 a')[0].text
22:     except ValueError:
23:         return None
24:
25:     return code, name, short_name, market, unit, sector
26:
27: def brands_generator(code_range):
28:     for code in code_range:
29:         brand = get_brand(code)
30:         if brand:
31:             yield brand
32:         time.sleep(1)
33:
34: def insert_brands_to_db(db_file_name, code_range):
35:     conn = sqlite3.connect(db_file_name)
36:     with conn:
37:         sql = 'INSERT INTO brands(code,name,short_name,market,unit,sector) ' \
38:               'VALUES(?,?,?,?,?,?)'
39:         conn.executemany(sql, brands_generator(code_range))
```

## サーバーに与える負荷に注意

Webサーバーからスクリプトで情報を入手しようとする際、短時間に大量のアクセスを行ってサーバーに負荷を与えてしまうのはご法度です。アクセスはすくなくとも1秒、長期間アクセスをする場合であれば、さらにそれ以上の間隔を空けて行わなければなりません。

リスト2.1を利用する場合は、time.sleep(1) の部分は必ずそのままにしてください。また、このコードを定期的に動作させるような場合は、待ちの時間をより長くすべきでしょう。

## Pythonのyield文について

リスト2.1の30行目にでてくるyieldは、Pythonなどの一部のプログラム言語でサポートされるジェネレーターを記載するときに用いられるPythonの予約語です。

ジェネレーターは、その名の通り何かしらの要素を次々に生成するものです。例えばリスト2.1におけるbrands_generatorは、指定された範囲の銘柄コードに対する銘柄情報を次々に生成するジェネレーターです。

生成した値を返すときにyieldを使います。yieldが呼ばれると、その時点でのジェネレーター内部の状態を保存したうえで生成した値を呼び出し元に返しつつ、制御も呼び出し元にいったん返します。そして、再度ジェネレーターが呼ばれたとき、yieldの次の行から実行が再開されます。

全銘柄に対してリスト2.1を動作させると完了まで約2.5時間かかりますが、全銘柄のデーターの入手は最初だけなのでゆっくり待ちましょう。

スクリプト完了後、SQLiteファイルをSQLite管理ツール（例えばDB Browser for SQLite）で開いてみると、図2.4のようにbrandsテーブルの中に銘柄情報が格納されていることが分かります。なお、ETFについてはsectorがETF銘柄一覧になってしまっていますが、運用上特に問題がないためそのままにしています。気になる方はsectorやmarketなどのフィールドもコード化すればよいでしょう。

全銘柄のデーター取得以降は、「2.5 上場・廃止情報の取得」で説明するように上場に合わせて新しい銘柄のデーターのみ追加で入手してbrandsテーブルに格納するようにするとよいでしょう。

第2章　データー収集と管理　29

図2.4: 全銘柄の情報が格納された brands テーブル

| Database Structure | Browse Data | Edit Pragmas | Execute SQL |

Table: brands

| | code | name | short_name | market | sector | unit |
|---|---|---|---|---|---|---|
| | Filter | Filter | Filter | Filter | Filter | Filter |
| 1 | 1301 | 極洋 | 極洋 | 東証1 | 水産・農林業 | 100 |
| 2 | 1305 | ダイワ上場投… | 大和東証指数 | 東証E | ETF銘柄一覧 | 10 |
| 3 | 1306 | TOPIX連動型… | 野村東証指数 | 東証E | ETF銘柄一覧 | 10 |
| 4 | 1308 | 上場インデック… | 日興東証指数 | 東証E | ETF銘柄一覧 | 100 |
| 5 | 1309 | 上海株式指数… | 野村上証50 | 東証E | ETF銘柄一覧 | 1 |
| 6 | 1310 | ダイワ上場投… | 大和コア30 | 東証E | ETF銘柄一覧 | 10 |
| 7 | 1311 | TOPIX Core… | 野村コア30 | 東証E | ETF銘柄一覧 | 10 |
| 8 | 1312 | ラッセル野村小… | 野村RN小型 | 東証E | ETF銘柄一覧 | 1 |
| 9 | 1313 | サムスンKOD… | KDX200 | 東証E | ETF銘柄一覧 | 10 |
| 10 | 1319 | 日経300上場… | 日経300上場… | 東証E | ETF銘柄一覧 | 1000 |
| 11 | 1320 | ダイワ上場投… | 大和日経平均 | 東証E | ETF銘柄一覧 | 1 |
| 12 | 1321 | 日経225連動… | 野村日経平均 | 東証E | ETF銘柄一覧 | 1 |
| 13 | 1322 | 上場中国A株… | 上場中国A株… | 東証E | ETF銘柄一覧 | 10 |
| 14 | 1323 | NEXT 南アフ… | 野村南ア40 | 東証E | ETF銘柄一覧 | 100 |
| 15 | 1324 | NEXT ロシア… | 野村RTS | 東証E | ETF銘柄一覧 | 100 |
| 16 | 1325 | NEXT ブラジ… | 野村ボベスパ | 東証E | ETF銘柄一覧 | 100 |
| 17 | 1326 | SPDRゴール… | SPDR | 東証E | ETF銘柄一覧 | 1 |
| 18 | 1327 | Ｓ＆PGSCI商… | Ｓ＆PGSCI商… | 東証E | ETF銘柄一覧 | 1 |
| 19 | 1328 | 金価格連動型… | 野村金連動 | 東証E | ETF銘柄一覧 | 10 |
| 20 | 1329 | iシェアーズ 日… | iシェア日経 | 東証E | ETF銘柄一覧 | 1 |
| 21 | 1330 | 上場インデック… | 日興日経平均 | 東証E | ETF銘柄一覧 | 10 |
| 22 | 1332 | 日本水産 | 日本水産 | 東証1 | 水産・農林業 | 100 |

## 2.4　四本値（日足）と出来高の取得

　銘柄情報の次は、それぞれの銘柄の過去の四本値（日足）と出来高の情報を集めていきます。

　アメリカの株式であればアメリカの Yahoo! finace のサイトで、各銘柄の過去の日足と出来高が CSV 形式で無料でダウンロードできます。が、日本の Yahoo! ファイナンスでは、無料で CSV 形式で日本株の日足データーをダウンロードすることはできません。日本にも過去には株価データーサイト k-db.com のような無料で過去の株価データーをダウンロードできるサイトがありましたが、k-db.com は 2017 年 12 月末でサービスを終了しました。2018 年 3 月現在、過去の日本の日足データーを CSV などで利用しやすい形で無料で提供しているサービスは、筆者の調べた限りではありません。

　本節では筆者が実際に行っている方法をもとに、日足と出来高の取得と SQLite への格納方法について説明を行います。

30 　第 2 章　データー収集と管理

### 2.4.1 過去のデーターを一括取得

１．Yahoo! ファイナンスVIP倶楽部に登録

　Yahoo! ファイナンス https://finance.yahoo.co.jp/ では、各銘柄の過去の日足と出来高を閲覧できます。東証の銘柄であれば1983年1月以降、その他の銘柄についても1990年代からのデーターが揃っています。が、Yahoo!ファイナンスではスクレピングが明確に禁止されています。

　しかし、Webサイトで閲覧することができる日足と出来高の情報は、Yahoo! ファイナンスVIP倶楽部という有料会員サービスに登録すると、銘柄ごとにCSV形式でダウンロードすることができるようになります。VIP倶楽部に入会後、ログインした状態で各銘柄の時系列データーのページを開くと、図2.5のように時系列データーをダウンロードするリンクが出現します。

図2.5: VIP倶楽部　時系列データーダウンロード

２．CSVファイルの入手

　図2.5のリンクから取得できるCSVファイルは、次に示すようなフォーマットの当該銘柄の日足CSVファイルになっています。

```
日付,始値,高値,安値,終値,出来高,調整後終値
2017/8/16,3280,3370,3275,3350,121900,3350
2017/8/15,3235,3275,3225,3250,37900,3250
: 略
1983/1/4,144,144,140,141,309000,1410
```

　このサイトでは、全銘柄を一括でCSVファイルをダウンロードできるようになっていないため、「2.3.3 ブラウザを操作して取り出す方法 - selenium」で紹介したseleniumなどを使ってプログラムから銘柄ごとのCSVファイルをダウンロードするようにするとよいでしょう。

　seleniumを使って指定された銘柄のCSVファイルをダウンロードするサンプルコードをリスト2.2に示します。

　このプログラムは実行するとブラウザ（Firefox）が起動します。そして、起動したブラウザ上でYahoo!にログインしたのちプログラム側でEnterすると、銘柄コード7203と9684のCSVファイルをプログラムを実行したディレクトリにダウンロードします。ログイン処理もseleniumで自動化できますが、日足データーのダウンロードは「2.4.2 日々のデーターを取得」で説明するとおり最初の1回しか行わなかったので、その処理は省略しています。

リスト2.2: VIP倶楽部からCSVファイルをダウンロード

```
 1: from selenium import webdriver
 2: from selenium.common.exceptions import NoSuchElementException
 3:
 4: def download_stock_csv(code_range, save_dir):
 5:
 6:     # CSVファイルを自動で save_dir に保存するための設定
 7:     profile = webdriver.FirefoxProfile()
 8:     profile.set_preference("browser.download.folderList",
 9:                            2)
10:     profile.set_preference("browser.download.manager.showWhenStarting",
11:                            False)
12:     profile.set_preference("browser.download.dir", save_dir)
13:     profile.set_preference("browser.helperApps.neverAsk.saveToDisk",
14:                            "text/csv")
15:
16:     driver = webdriver.Firefox(firefox_profile=profile)
17:     driver.get('https://www.yahoo.co.jp/')
18:
19:     # ここで手動でログインを行う。ログインしたら enter
20:     input('After login, press enter: ')
21:
22:     for code in code_range:
```

```
23:        url = 'https://stocks.finance.yahoo.co.jp/stocks/history/?code={0}.T' \
24:              .format(code)
25:        driver.get(url)
26:
27:        try:
28:            driver.find_element_by_css_selector('a.stocksCsvBtn').click()
29:        except NoSuchElementException:
30:            pass
31:
32: if __name__ == '__main__':
33:     import os
34:     download_stock_csv((7203, 9684), os.getcwd())
```

　このプログラムのdownload_stock_csv のcode_rangeに、「2.3.4 全銘柄情報をSQLiteに格納する」で作成したSQLiteのbrandsテーブル内の全銘柄の銘柄コードを与えれば、全銘柄のCSVファイルをダウンロードすることができます。

３．CSVファイルの内容をSQLiteに格納

　日足と出来高のデーターを保存するテーブルとして、次に示すraw_prices テーブルをSQLiteファイルに作成し、ダウンロードしたCSVファイルの内容を格納します。raw_pricesのrawは、「2.6 分割と併合への対応」で説明する株式の分割・併合による株価調整前の生データーという意味でつけています。

　なお、日付（date）フィールドの型がDATEではなくTEXTなのは、データーベースとしてSQLiteを利用しているためです。SQLiteにはDATE型はないのでTEXT型として保存します。

```
CREATE TABLE raw_prices (
  code TEXT,          -- 銘柄コード
  date TEXT,          -- 日付
  open REAL,          -- 初値
  high REAL,          -- 高値
  low  REAL,          -- 安値
  close REAL,         -- 終値
  volume INTEGER,     -- 出来高
  PRIMARY KEY(code, date)
);
```

　CSVファイルには、調整後終値というフィールドもありますがraw_prices テーブルには入れません。このフィールドの情報は「2.6 分割と併合への対応」で使います。

　あるディレクトリに存在するXXXX.T.csv（XXXXは銘柄コード）という名前の全てのCSVファ

イルの情報をraw_pricesテーブルに格納するには、リスト2.3のようなプログラムを作成すればよいでしょう。

リスト2.3: ダウンロードしたCSVファイルの情報をSQLiteに入れる

```
 1: import csv
 2: import glob
 3: import datetime
 4: import os
 5: import sqlite3
 6:
 7:
 8: def generate_price_from_csv_file(csv_file_name, code):
 9:     with open(csv_file_name) as f:
10:         reader = csv.reader(f)
11:         next(reader)    # 先頭行を飛ばす
12:         for row in reader:
13:             d = datetime.datetime.strptime(row[0], '%Y/%m/%d').date()  #日付
14:             o = float(row[1])    # 初値
15:             h = float(row[2])    # 高値
16:             l = float(row[3])    # 安値
17:             c = float(row[4])    # 終値
18:             v = int(row[5])      # 出来高
19:             yield code, d, o, h, l, c, v
20:
21:
22: def generate_from_csv_dir(csv_dir, generate_func):
23:     for path in glob.glob(os.path.join(csv_dir, "*.T.csv")):
24:         file_name = os.path.basename(path)
25:         code = file_name.split('.')[0]
26:         for d in generate_func(path, code):
27:             yield d
28:
29:
30: def all_csv_file_to_db(db_file_name, csv_file_dir):
31:     price_generator = generate_from_csv_dir(csv_file_dir,
32:                                             generate_price_from_csv_file)
33:     conn = sqlite3.connect(db_file_name)
34:     with conn:
35:         sql = """
36:         INSERT INTO raw_prices(code,date,open,high,low,close,volume)
37:         VALUES(?,?,?,?,?,?,?)
38:         """
```

```
39:        conn.executemany(sql, price_generator)
```

### 2.4.2　日々のデーターを取得

　Yahoo! ファイナンス VIP倶楽部のような過去数年以上でなく、ここ数日程度の日足データーであれば、様々な株式情報サイトに掲載されています。

　そこで筆者はPythonを活用した株取引を始めようと思い立った時に、VIP倶楽部に入会後に全銘柄の過去のデーターをダウンロードして退会、その後の日足データーはYahoo!ファイナンス以外の株価情報サイトから毎晩スクレイピングで当日の分を入手する、という方法を採用しています。

　差分データーを毎日自分でスクレイピングで取得するのか、VIP倶楽部に加入したままで必要に応じて最新のCSVファイルをダウンロードするのか、データーの信頼性などを考えれば後者の方が良いと思います。なおVIP倶楽部の1か月分の料金は2138円（税込：2018年3月現在）です。

## 2.5　上場・廃止情報の取得

　上場している銘柄は固定ではなく、新しく取り引きできる銘柄が増える（上場）こともあれば減ること（廃止）もあります。そのため、SQLiteのbrandsテーブルに登録している銘柄の一覧も上場・廃止にあわせて更新を行う必要があります。

### 2.5.1　上場・廃止情報の入手元

　上場する銘柄ならびに廃止される銘柄の情報は、日本取引所グループのWebサイトで公開されています。

**新規上場会社情報**

　http://www.jpx.co.jp/listing/stocks/new/index.html

**上場廃止銘柄一覧**

　http://www.jpx.co.jp/listing/stocks/delisted/index.html

図 2.6: 新規上場会社情報

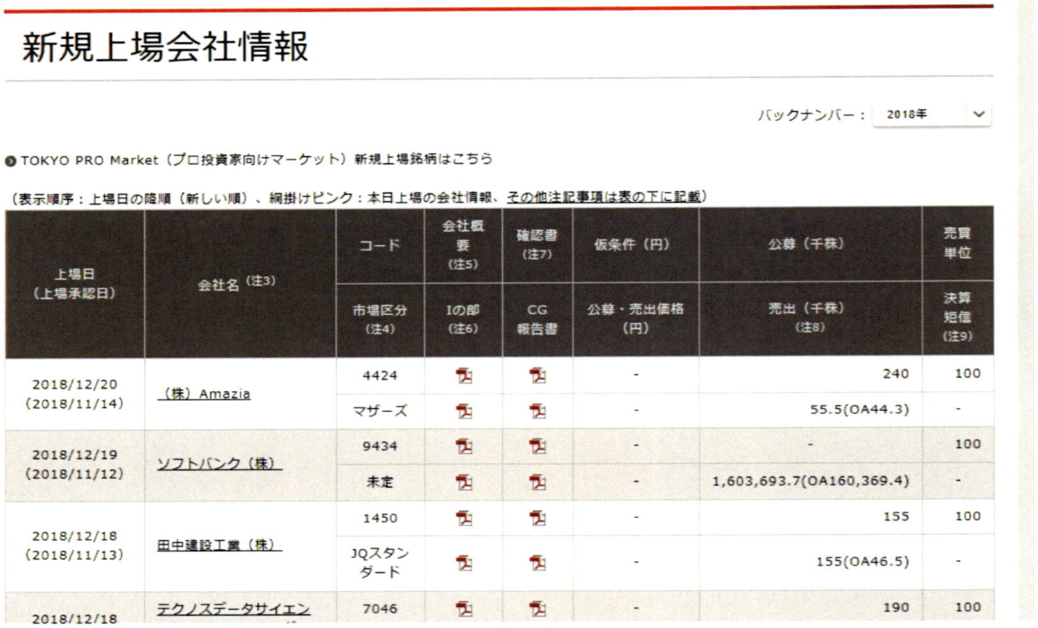

## 新規上場会社情報

バックナンバー： 2018年

● TOKYO PRO Market（プロ投資家向けマーケット）新規上場銘柄はこちら

（表示順序：上場日の降順（新しい順）、網掛けピンク：本日上場の会社情報、その他注記事項は表の下に記載）

| 上場日（上場承認日） | 会社名（注3） | コード / 市場区分（注4） | 会社概要（注5） / Iの部（注6） | 確認書（注7） / CG報告書 | 仮条件（円） / 公募・売出価格（円） | 公募（千株） / 売出（千株）（注8） | 売買単位 / 決算短信（注9） |
|---|---|---|---|---|---|---|---|
| 2018/12/20（2018/11/14） | （株）Amazia | 4424 | | | - | 240 | 100 |
| | | マザーズ | | | - | 55.5(OA44.3) | - |
| 2018/12/19（2018/11/12） | ソフトバンク（株） | 9434 | | | - | - | 100 |
| | | 未定 | | | - | 1,603,693.7(OA160,369.4) | - |
| 2018/12/18（2018/11/13） | 田中建設工業（株） | 1450 | | | - | 155 | 100 |
| | | JQスタンダード | | | - | 155(OA46.5) | - |
| 2018/12/18 | テクノスデータサイエン | 7046 | | | - | 190 | 100 |

図 2.7: 上場廃止銘柄一覧

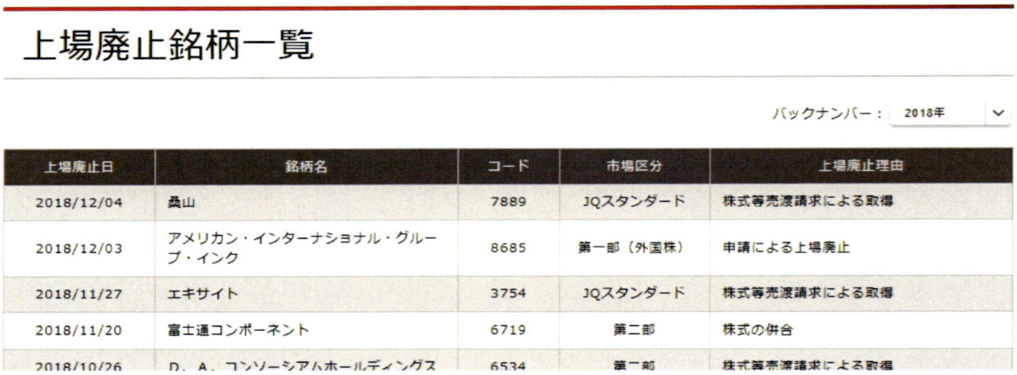

## 上場廃止銘柄一覧

バックナンバー： 2018年

| 上場廃止日 | 銘柄名 | コード | 市場区分 | 上場廃止理由 |
|---|---|---|---|---|
| 2018/12/04 | 桑山 | 7889 | JQスタンダード | 株式等売渡請求による取得 |
| 2018/12/03 | アメリカン・インターナショナル・グループ・インク | 8685 | 第一部（外国株） | 申請による上場廃止 |
| 2018/11/27 | エキサイト | 3754 | JQスタンダード | 株式等売渡請求による取得 |
| 2018/11/20 | 富士通コンポーネント | 6719 | 第二部 | 株式の併合 |
| 2018/10/26 | D．A．コンソーシアムホールディングス | 6534 | 第一部 | 株式等売渡請求による取得 |

図2.6、図2.7のようにテーブル形式で銘柄ごとに上場日・廃止日と銘柄コードが掲載されています。

### 2.5.2　上場・廃止情報のSQLiteへの格納

上場・廃止の情報もSQLiteに格納しておきます。

```
CREATE TABLE new_brands (   -- 上場情報
  code TEXT,         -- 銘柄コード
  date TEXT,         -- 上場日
  PRIMARY KEY(code, date)
```

```
);

CREATE TABLE delete_brands ( -- 廃止情報
  code TEXT,        -- 銘柄コード
  date TEXT,        -- 廃止日
  PRIMARY KEY(code, date)
);
```

　日本取引所グループのWebサイトにおいて、上場・廃止情報はWebサイトから送られてくるHTML
ファイル自体に記載されています。そのため、「2.3.2 HTMLファイルから取得する方法 - PyQuery」
で紹介したPyQueryを使って簡単に銘柄コードと上場日・廃止日を入手することができます。
　リスト2.4は、上場の情報を new_brands テーブルに格納するコードの例です。

リスト2.4: 上場情報の取得とSQLiteへの格納

```
 1: from pyquery import PyQuery
 2: import datetime
 3: import sqlite3
 4:
 5: def new_brands_generator():
 6:     url = 'http://www.jpx.co.jp/listing/stocks/new/index.html'
 7:     q = PyQuery(url)
 8:     for d, i in zip(q.find('tbody > tr:even > td:eq(0)'),
 9:                     q.find('tbody > tr:even span')):
10:         date = datetime.datetime.strptime(d.text, '%Y/%m/%d').date()
11:         yield (i.get('id'), date)
12:
13: def insert_new_brands_to_db(db_file_name):
14:   conn = sqlite3.connect(db_file_name)
15:   with conn:
16:     sql = 'INSERT INTO new_brands(code,date) VALUES(?,?)'
17:     conn.executemany(sql, new_brands_generator())
```

### 2.5.3　銘柄情報への反映

　上場銘柄についてはnew_brandsの上場日情報をもとに、上場が行われた銘柄について「2.3 銘柄
情報の取得」で説明した方法で銘柄情報を取得し、brandsテーブルに新規レコードを追加すればよ
いでしょう。
　一方で廃止については、いくつかの方法が考えられます。

**brandsから当該銘柄を削除**

　一番わかりやすいと思います。　過去のデーター分析を行う上で今は廃止されてしまった銘柄の値

第2章　データー収集と管理　｜　37

動きも参考にしたい場合は、別の方法にするか、brandsから削除したレコードを別のテーブルにコピーしておいて上場廃止済みデータはそちらを参照するという方法が考えられます。上場廃止した銘柄の情報なんて使わないと割り切れば、一番簡単な方法だと思います。

### brandsに銘柄の状態（廃止・上場中・上場前）を持たせる

データー分析などを行う際にSQLiteより銘柄情報を取り出すたびに"上場中である"などの条件文を追加しなければならず煩雑になります。

### brandsは変更しない

brandsを参照するときに、廃止情報が記録されているdelete_brandsも参照して特定日までに上場廃止となっているかいないかを確認する方法です。

## 2.6　分割と併合への対応

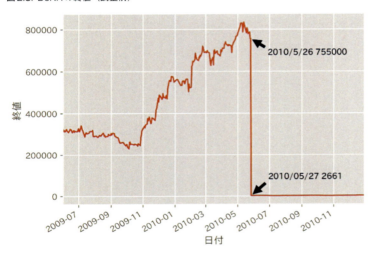

図2.8: DeNAの終値（調整前）

　図2.8は、「2.4 四本値（日足）と出来高の取得」で作成したraw_pricesテーブルに格納されているDeNA（銘柄コード:2432）の2009年6月から2010年12月までの終値をプロットしたものです。2010年5月26日に755000円だった株価が次の日の5月27日には2661円になっています。大暴落です。5月26日以前に、DeNAの株を持っていた人は、みんな大損したのでしょうか？

　もちろんそんなことはなくて、これは「1.5 株式分割と併合」で説明した株式分割が行われたためです。DeNAは、2010年の5月31日を基準日として1株を300株とする株式分割を行っています。5月26日と27日の株価のギャップは、この株式分割により生じています。

　このような株式分割または併合は、それなりの頻度で行われています。たとえば、2018年の1〜3月が基準日である株式分割は73件、株式併合は11件も行われています。毎日の生の株価を相手にデーター分析を行うと、分割・併合が行われたタイミングで、株の価値はほとんど変化していないのに暴落・暴騰したと判断を誤ってしまいます。

株価の分析を行う場合は、分割・併合前の株価を分割・併合後の1株の価値に変換した値を用いるとよいでしょう。この調整が行われた株価、特に終値のことを調整後終値と呼びます。たとえば、先ほどのDeNAの例でいえば5月26日以前の1株は、5月27日以降の300株に相当するため、5月26日以前の株価をすべて300分の1に調整した値を使います。

図2.9: DeNAの終値（調整後）

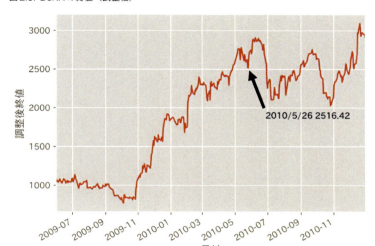

　図2.9は、図2.8と同じ区間のDeNAの調整後終値をプロットしたものです。これを見ると、5月27日で暴落したわけではなく、むしろ6月にかけては株価は上昇傾向にあったことが見てとれます。

### 2.6.1　分割・併合データーの必要性

　調整後の株価を得る方法はふたつあります。
- すでに調整が行われたあとの株価を入手する
- 調整前の株価データーに対して分割・併合の情報を適用して調整後株価を得る

　「2.4.1 過去のデーターを一括取得」で例示したとおり、Yahoo! ファイナンス VIP倶楽部に入会することでダウンロードが可能になる各銘柄の日足CSVファイルには、調整後終値というフィールドが存在します。よって、このCSVのデーターの修正後終値の値のみを使う限り、株式の併合・分割については特に気にする必要はありません。

　一方で、日々、その日その日の株価の情報を蓄積していく方法を使っている場合、過去の株価を参照する場合は株式の併合・分割を考慮する必要があります。そのためには、分割・併合がいつどのような割合で行われたかの情報が必要です。

　また、分割・併合に関する情報は、株価だけでなくアナリストの予想などの株価を含む昔の投資情報を利用して分析を行う場合にも必要となります。○月×日の記事に2000円という株価が記載されていたとき、その2000円が今日の株価の2000円と同じ意味をもつのかは、分割・併合の情報がないとわかりません。

### 2.6.2 分割・併合データーの取得と保存

**１．調整前終値と調整後終値から求める**

分割・併合がいつ、どのような割合で行われたかは、調整前終値と調整後終値のデーターがあれば、そこから求めることができます。

例えば、Yahoo! ファイナンスからダウンロードしたデーターで、DeNAの日足CSVの2010年5月26日・27日近辺のレコードは以下のようになっています。

```
日付,始値,高値,安値,終値,出来高,調整後終値
: 略
2010/5/28,2767,2773,2669,2720,1851800,2720
2010/5/27,2541,2710,2451,2661,2278400,2661
2010/5/26,765000,774000,721000,755000,7962,2516.42
2010/5/25,785000,787000,751000,757000,6885,2523.08
```

連続する2日間の調整前終値の変化率と調整後終値の変化率が異なる場所が、分割・併合が行われた場所で、ふたつの変化率の比が分割・併合の割合です。

分割・併合の権利確定日の調整前終値を $R_i$・調整後終値を $A_i$、翌営業日の権利落ち日の調整前終値を $R_{i+1}$・調整後終値を $A_{i+1}$、分割・併合の割合をdとおくと、次の等式がなりたちます。

$$\frac{R_{i+1}}{dR_i} = \frac{A_{i+1}}{A_i}$$
$$\frac{1}{d} = \frac{A_{i+1}R_i}{A_i R_{i+1}}$$

この式に、DeNAの5月26日、27日の調整前終値・調整後終値を代入すると、次のようになり

$$\frac{1}{d} = \frac{2661 \times 755000}{2516.42 \times 2661}$$

これを計算すると、d ≒ 300となるので5月26日を権利確定日として1株が300分割されたことが分かります。なお、丸め誤差などによりぴったり計算は300にはなりません。

分割・併合の情報は次のdivide_union_dataのようなテーブルを作成しSQLiteに格納するとよいでしょう。DeNAの1:300の分割の場合、beforeに1をafterに300を入れます。

```
CREATE TABLE divide_union_data  (
    code TEXT,                     -- 銘柄コード
    date_of_right_allotment TEXT,  -- 権利確定日
    before REAL,                   -- 分割・併合前株数
    after  REAL,                   -- 分割・併合後株数
    PRIMARY KEY(code, date_of_right_allotment)
```

```
);
```

　Yahoo! ファイナンスVIP倶楽部で入手した日足CSVファイルが、ある特定のディレクトリに保存されている場合に、そのディレクトリ内のすべてのCSVファイルから各銘柄の分割・併合の情報を生成してdivide_union_dataテーブルに格納するPythonコードはリスト2.5のように書けるでしょう。なお、このコード内のgenerate_from_csv_dir関数は リスト2.3と同じです。実際のプログラムでは、CSVファイルから日足データーをSQLiteに格納するときに合わせて、分割・併合情報も格納するようにするとよいでしょう。

リスト2.5: 日足CSVファイルから分割・併合情報を求めてSQLiteに格納

```
 1: import csv
 2: import glob
 3: import datetime
 4: import os
 5: import sqlite3
 6:
 7:
 8: def generater_devide_union_from_csv_file(csv_file_name, code):
 9:     with open(csv_file_name) as f:
10:         reader = csv.reader(f)
11:         next(reader)   # 先頭行を飛ばす
12:
13:         def parse_recode(row):
14:             d = datetime.datetime.strptime(row[0], '%Y/%m/%d').date() #日付
15:             r = float(row[4])   # 調整前終値
16:             a = float(row[6])   # 調整後終値
17:             return d, r, a
18:
19:         _, r_n, a_n = parse_recode(next(reader))
20:         for row in reader:
21:             d, r, a = parse_recode(row)
22:             rate = (a_n * r) / (a * r_n)
23:             if abs(rate - 1) > 0.005:
24:                 if rate < 1:
25:                     before = round(1 / rate, 2)
26:                     after = 1
27:                 else:
28:                     before = 1
29:                     after = round(rate, 2)
30:                 yield code, d, before, after
31:             r_n = r
```

第2章　データー収集と管理　41

```
32:             a_n = a
33:
34:
35: def generate_from_csv_dir(csv_dir, generate_func):
36:     for path in glob.glob(os.path.join(csv_dir, "*.T.csv")):
37:         file_name = os.path.basename(path)
38:         code = file_name.split('.')[0]
39:         for d in generate_func(path, code):
40:             yield d
41:
42:
43: def all_csv_file_to_divide_union_table(db_file_name, csv_file_dir):
44:     divide_union_generator = generate_from_csv_dir(csv_file_dir,
45:                                 generater_devide_union_from_csv_file)
46:     conn = sqlite3.connect(db_file_name)
47:     with conn:
48:         sql = """
49:         INSERT INTO
50:         divide_union_data (code, date_of_right_allotment,before, after)
51:         VALUES(?,?,?,?)
52:         """
53:         conn.executemany(sql, divide_union_generator)
```

２．Webサイトの情報から求める

Yahoo! ファイナンスVIP倶楽部のCSVファイルの調整前終値と調整後終値のデーターから分割・併合の情報を求める方法は、日足データーが存在するだけ過去からの分割・併合情報も得られるというメリットがあります。

しかし、最近（といっても、例えば楽天証券のサイトでは2004年からのデーターが入手可能）の分割・併合の情報だけでよいのであれば、様々な株価情報サイトに掲載されているので、そこからデーターを取り寄せることができます。証券会社のページでは、「注意銘柄」の情報が記載されているページに掲載されていることが多いでしょう。

### 2.6.3　調整後株価のSQLiteへの格納と更新

筆者は、「2.4 四本値（日足）と出来高の取得」で説明した生の四本値と出来高を格納するraw_pricesのほかに、全く同じカラムを持つ調整後の四本値と出来高を格納するpricesテーブルを作成しています。pricesテーブルの内容は、raw_pricesテーブルの内容と株式分割・併合がなければ同一ですが、分割・併合が行われるたびにdivide_union_dataテーブルをもとに内容の更新を行います。divide_union_dataテーブル内の、どの分割・併合の情報がpricesに反映されているか判断できるよう、pricesテーブルに適用済みの分割・併合情報を格納するテーブルapplied_divide_union_dataも

作成しました。

```
CREATE TABLE prices (
  code TEXT,        -- 銘柄コード
  date TEXT,        -- 日付
  open REAL,        -- 初値
  high REAL,        -- 高値
  low  REAL,        -- 安値
  close REAL,       -- 終値
  volume INTEGER,   -- 出来高
  PRIMARY KEY(code, date)
);

CREATE TABLE applied_divide_union_data (
  code TEXT,                        -- 銘柄コード
  date_of_right_allotment TEXT,     -- 権利確定日
  PRIMARY KEY(code, date_of_right_allotment)
);
```

これらのテーブルを次の擬似コードのように毎日繰り返して更新し、利用しています。

1. 最新（今日）の株価データー（生の株価）を入手し、raw_pricesとpricesに格納
2. 新しい分割・併合の情報が出ていれば、divide_union_dataに格納
3. 今日またはそれ以前が権利確定日である未適用の分割・併合データーがあればpricesに反映。反映したらapplied_divide_union_dataを更新。
4. 明日以降の取り引きをpricesの情報をもとに考察

3.の処理では、まずdivide_union_dataテーブルのレコードの中でapplied_divide_union_dataに登録がない分割・併合データーを取り出します。そして、それぞれの分割・併合データーの分割・併合割合をpricesテーブル内の権利確定日前のデーターに適用します。四本値にかける係数と、出来高に掛ける係数は逆数の関係にあるので注意が必要です。例えば1:10の分割が行われた場合、権利確定日以前の四本値の値は10分の1にしますが出来高は10倍にします。この処理はリスト2.6のようなコードになるでしょう。

リスト2.6: 分割・併合情報を反映させる

```
1: import datetime
2: import sqlite3
3:
4: def apply_divide_union_data(db_file_name, date_of_right_allotment):
5:     conn = sqlite3.connect(db_file_name)
6:
7:     # date_of_right_allotment 以前の分割・併合データーで未適用のものを取得する
```

第2章　データー収集と管理　43

```
 8:    sql = """
 9:    SELECT
10:        d.code, d.date_of_right_allotment, d.before, d.after
11:    FROM
12:        divide_union_data AS d
13:    WHERE
14:        d.date_of_right_allotment < ?
15:        AND NOT EXISTS (
16:            SELECT
17:                *
18:            FROM
19:                applied_divide_union_data AS a
20:            WHERE
21:                d.code = a.code
22:                AND d.date_of_right_allotment = a.date_of_right_allotment
23:            )
24:    ORDER BY
25:        d.date_of_right_allotment
26:    """
27:    cur = conn.execute(sql, (date_of_right_allotment,))
28:    divide_union_data = cur.fetchall()
29:
30:    with conn:
31:        conn.execute('BEGIN TRANSACTION')
32:        for code, date_of_right_allotment, before, after \
33:                in divide_union_data:
34:
35:            rate = before / after
36:            inv_rate = 1 / rate
37:
38:            conn.execute(
39:                'UPDATE prices SET '
40:                ' open = open * :rate, '
41:                ' high = high * :rate, '
42:                ' low = low  * :rate, '
43:                ' close = close * :rate, '
44:                ' volume = volume * :inv_rate '
45:                'WHERE code = :code '
46:                '  AND date <= :date_of_right_allotment',
47:                {'code' : code,
48:                 'date_of_right_allotment' : date_of_right_allotment,
```

```
49:            'rate' : rate,
50:            'inv_rate' : inv_rate})
51:
52:        conn.execute(
53:          'INSERT INTO '
54:          'applied_divide_union_data(code, date_of_right_allotment) '
55:          'VALUES(?,?)',
56:          (code, date_of_right_allotment))
```

# 第3章 取引戦略とバックテスト

本章では第2章「データー収集と管理」で収集したデーターを使って取引戦略の有効性をテストするための仕組みを作り、実際にいくつかの簡単な戦略を適用してみます。

## 3.1 集めたデーターを眺める

第2章では、最終的に調整後の日足と出来高をSQLiteのpricesというテーブルに格納しました。Pythonで株価のような時系列データーを扱う場合、pandasというライブラリーを使うのが一般的です。本節ではpandas（など）のライブラリーを使って、まずは集めた日足データーを眺めてみます。

### 3.1.1 pandasにデーターを読み込む

1. Series と DataFrame

pandasにおける基本的なデーター構造は、SeriesとDataFrameです。Seriesは、1次元配列のようなもので、データーが格納された配列と、その配列の要素を識別するためのインデックスからなります。DataFrameは、データー部分が2次元になったもので、こちらもデーターの要素を識別するためのインデックスを持っています。インデックスは、単なる数値の場合もあれば、文字列や日付といったほかの型の場合があります。

日足データーを例にとり、SeriesとDataFrameを図示すると図3.1のようになります。

図3.1: Series と DataFrame

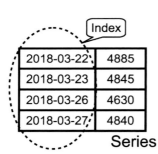
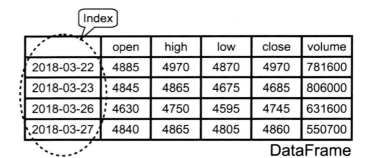

2. SQLiteからDataFrameにデーターを読み込む

pricesテーブルに格納されている指定した銘柄コードの調整後の四本値と出来高の日足を読みこみ、DataFrameの形式で返すコードはリスト3.1のように書くことができます。

リスト3.1: pricesからDataFrameを生成

```
 1: import pandas as pd
 2: import sqlite3
 3:
 4: def get_price_dataframe(db_file_name, code):
 5:     conn = sqlite3.connect(db_file_name)
 6:     return pd.read_sql('SELECT date, open, high, low, close, volume '
 7:                        'FROM prices '
 8:                        'WHERE code = ? '
 9:                        'ORDER BY date',
10:                        conn,
11:                        params=(code,),
12:                        parse_dates=('date',),
13:                        index_col='date')
```

　リスト3.1を銘柄コード9684 (スクエニHD)に対して呼び出してみると次のような結果が得られます。なお、ここでheadとtailは、それぞれDataFrameの先頭と末尾を取得するメソッドです。

```
In [13]: f = get_price_dataframe('sample.db', 9684)

In [14]: f.head(3)
Out[14]:
                 open         high          low        close   volume
date
1999-08-18  3644.444444  4133.333333  3600.000000  4133.333333  1258650
1999-08-19  4000.000000  4133.333333  3915.555556  4000.000000  1349775
1999-08-20  3955.555556  4000.000000  3822.222222  3822.222222   416250


In [15]: f.tail(3)
Out[15]:
              open    high     low   close   volume
date
2018-03-23  4845.0  4865.0  4675.0  4685.0   806000
2018-03-26  4630.0  4750.0  4595.0  4745.0   631600
2018-03-27  4840.0  4865.0  4805.0  4860.0   550700
```

### 3.1.2　グラフ表示する

　データーの様子を把握するには、図にしてみることが有効です。前の節でDataFrameとして取得した銘柄コード9684（スクエニHD）の株価（終値）をグラフ表示してみます。

第3章　取引戦略とバックテスト　47

1．pandasの機能でグラフ表示

DataFrame・Seriesにはplotという、まさにデーターの内容をグラフにプロットするためのメソッドがあります。次のコードを実行するだけで、図3.2のようなグラフを表示することができます。plotはPythonの世界で最も一般的な、matplotlibというグラフ描画ライブラリーを利用してグラフを表示しています。plotにはmatplotlibでグラフを書くときと同じ様々なオプションをつけることができるため引数を色々と変更すれば、様々なグラフを表示することができます。

```
import matplotlib.pyplot as plt
f = get_price_dataframe('sample.db', 9684)
f['close'].plot()
plt.show()
```

図3.2: pandas plot メソッドで株価表示（9684:スクエニＨＤ）

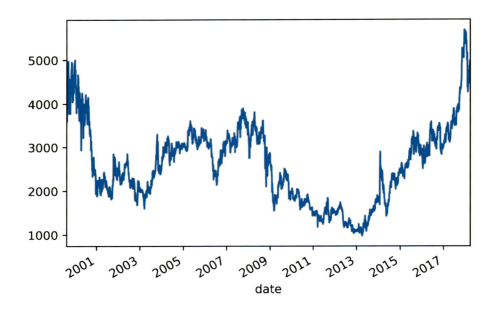

2．Highchartsでグラフ表示

pandas（matplotlib）でもオプションを適切に設定すればきれいなグラフを書くことができます。しかし、グラフを表示した後に特定の部分を拡大してみたいとか、その部分の具体的な数値を知りたい、といった場合にはグラフをマウスで操作できると便利です。そのような場合は、Highchartsを使うとよいでしょう

Highchartsは、ブラウザ上にグラフを表示するJavaScriptのライブラリーです。このライブラ

リーをPythonから利用するための様々なラッパーライブラリーが公開されています。本書では、使いやすさからpandas-highchartsというライブラリーを紹介します。

pandas-highchartsのインストールは、pipコマンドで行うことができます。

```
pip install pandas-highcharts
```

図3.3はpandas-highchartsを使ってJupyter Notebook上で、銘柄コード9684（スクエニHD）の株価（終値）を表示したところです。

Jupyter Notebookは、プログラムの記述・実行・その結果の表示などなど様々なことがブラウザ上で行うことができるソフトウェアです。本書ではその使い方の説明は行いませんが、Pythonを使う上でとても便利なソフトウェアですので、インターネット上の記事などでその使い方を勉強しておくと良いでしょう。

図のように、グラフ上でマウスを動かすとそのポイントでの値が表示され、またグラフの一部を拡大して表示することも可能です。

なお、pandas-highchartsのdisplay_chartの第一引数は、Series型ではなくDataFrame型をとります。そのため、DataFrame fから、終値（close）の情報を取得する際に、Series型が返るf['close']ではなく、指定した列を含むDataFrame型が返る f[['close',]] という書き方をしています。

図3.3: pandas-highchartsで株価表示（9684:スクエニＨＤ）

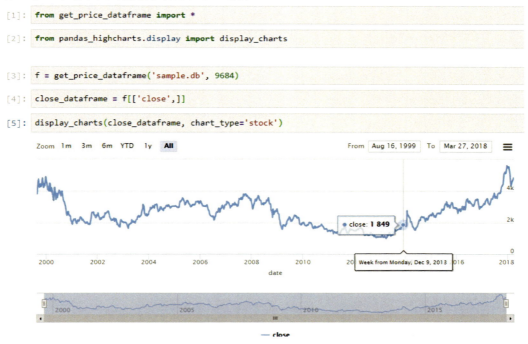

## 3.2 シミュレーターの作成

編み出した取引戦略が有効かどうか（儲かるかどうか）を知るには、その戦略で実際に取引をするのが確実です。しかし、いきなり本番の取引をした場合、その戦略に問題があり大損した時はその次がなくなってしまいます。そこで過去のデーターに対して取引戦略を当てはめて、どのような結果になるのかを確認します。これは、過去のデーターに対してテストを行うことからバックテストと呼びます。

バックテストを行うことができるPythonのライブラリー（フレームワーク）は様々なものがあります。なかでも次に示すようなライブラリー良く知られています。

- zipline
- backtrader
- PyAlgoTrade

いずれもバックテストをするうえで便利な様々な機能をもつライブラリーです。しかし、これらのライブラリーを日本株でも使えるようにするにはひと手間必要であったり、機能が豊富なだけになにがどう動いているのかが、すぐには分かりづらいと思います。何より本書では「プログラミングを楽しむ」ことも目的の一つにしているため、まず簡単なシミュレーターを自作し、そのシミュレーターでバックテストを行うこととします。

### 3.2.1 作成するシミュレーターの要件

作成するシミュレーターは、当然ながら株の売買をシミュレーションするわけですが、どのような株取引を想定しているのかでその作り方は変わってきます。

筆者は、ザラバ中は仕事で株をチェックすることができないため、前場・後場の前に注文をだしておいて、後は期待通りに約定することを祈る（？）というスタイルで株の売買を行っています。

本書で作成するシミュレーターは、この筆者の取引の方法に合わせること、またシミュレーターの動きの分かりやすさなどを考慮し、次のような取引スタイルを想定することとしました。

**シミュレーターが想定する取引スタイル**

市場が開く前（or直後）に、それまでの株価やニュースなどの情報をもとにどの株を買うのか・売るのかを決めて、（成行）注文を出しておく

日中に何回も取引を繰り返すデイトレードを想定するのであれば、日中の株価の動きのデーターもテストに必要になりますが、このスタイルであればそれぞれの日の始値があれば最低限の動きは確認できます。

作成するシミュレーターの要件をさらに定義していきます。

- シミュレーターは、指定された日付の範囲内の東証が開いている日について、1日単位で株の売買をシミュレートする。
- テスト対象である取引戦略は、ある日のザラバ終了後にその日までの情報をもとに次の日に売買する株を決定する。
- 売買は始値で約定したとみなす。
  - 買うことを決めていた株の翌日の始値＋手数料が所持金を上回る場合、株の購入は行わない。

50 第3章 取引戦略とバックテスト

―売買に必要なコストを支払うことができる状態であれば、始値で約定したものとみなす。（自分の注文が約定しないケースを考慮しない）

・売買のたびに手数料を差し引く。（本書では楽天証券の手数料体系を適用する）

・源泉徴収ありの特定口座を想定し、売却のたびに利益の累計に応じた税金を源泉徴収する。

　　　―売却の結果、利益が減った場合はそれまでに源泉徴収していた税金を還元する。

・シミュレーターは、1日のシミュレートごとに資産の評価額と利益の計算を行う。

　　　―評価額の算出はその日の終値を用いて行う。

・価格がつかなかった日の始値・終値は、その前日の始値・終値を用いる。（前日も価格が付かなかったのであれば、さらにその前日のデーターを使う）

・シミュレーション最終日に、保有しているすべての株を売却する。

　最終日に全ての株を売却しているのは、複数の取引戦略の結果を比較することを考慮してのことです。例えば、3月30日がシミュレーションの最終日だとして、30日に現金100万円を持っているのと、50万円で購入し現在の時価が100万円となっている株を持っているのは評価額としては同じ100万円です。しかし、後者はその株を売却して現金に替えると、50万の利益に対して税金が約10万円もかかるため、現金として手元に残る額は約90万円です。今回は、最終日の状態を合わせるために最後に全部株を売却することにしました。なお、最終日に売却をせず、評価額で複数の戦略を比較するのも間違った考えではありません。

### 3.2.2　シミュレーターの構造の概要

　前節で定義した要件を実現するシミュレーターを擬似コードであらわすと次のように書くことができるでしょう。

```
日付内の東証が開いている日ごとにブロック内の処理を実施（最終日除く）{
　★ 前日に行われた注文を執行
　　－ 購入ならば始値＊株数＋手数料を所持金から差し引いて、保有株数を増やす
　　－ 売却ならば始値＊株数－手数料－税金を所持金に加えて、保有株数を減らす
　★ ★ 本日までの情報をもとに明日実行する注文を決定 ★
　★ 本日の終値を用いて評価額と利益を算出
}
最終日に実施 {
　★ 保有する株価をすべて始値で売却
　★ 本日の終値を用いて評価額と利益を算出
}
```

　このうち★の部分が、テストする取引戦略ごとにかわる処理です。残りの部分は、取引戦略によらず共通の部分です。まずは共通部分について作成します。

　共通部分の肝は資産管理です。今、どの株をどれだけ持っている？とか、その評価額は？などの管理と計算です。乱暴ではありますが、株の売買にかかるコスト（手数料・税金）の計算なども資産の管理に含めてしまいましょう。資産管理を行うクラスをPortfolioクラスとして作成します。

第3章　取引戦略とバックテスト　51

注文はOrderクラスとして表現します。翌日に実行したい注文のパターンは様々なバリエーションが考えられるため、Orderクラスをスーパークラスとして注文のバリエーションごとにサブクラスを作成します。

　以降の節で、PortfolioクラスとOrderクラスの内容とそれらを利用したシミュレーターの全体の内容を順に説明します。

### 3.2.3　資産管理クラス：Portfolio

　財産管理と株の売買にかかるコストの計算を行うPortfolioクラス（とその周辺の）コードがリスト3.2です。このコードのポイントをリスト3.2に続いて説明します。

リスト3.2: Portfolioクラスとその周辺のコード

```python
 1: def calc_tax(total_profit):
 2:     """儲けに対する税金計算
 3:     """
 4:     if total_profit < 0:
 5:         return 0
 6:     return int(total_profit * 0.20315)
 7:
 8: def calc_fee(total):
 9:     """約定手数料計算（楽天証券の場合）
10:     """
11:     if total <= 50000:
12:         return 54
13:     elif total <= 100000:
14:         return 97
15:     elif total <= 200000:
16:         return 113
17:     elif total <= 500000:
18:         return 270
19:     elif total <= 1000000:
20:         return 525
21:     elif total <= 1500000:
22:         return 628
23:     elif total <= 30000000:
24:         return 994
25:     else:
26:         return 1050
27:
28: def calc_cost_of_buying(count, price):
29:     """株を買うのに必要なコストと手数料を計算
30:     """
```

52 ｜ 第3章　取引戦略とバックテスト

```python
31:     subtotal = int(count * price)
32:     fee = calc_fee(subtotal)
33:     return subtotal + fee, fee
34:
35: def calc_cost_of_selling(count, price):
36:     """株を売るのに必要なコストと手数料を計算
37:     """
38:     subtotal = int(count * price)
39:     fee = calc_fee(subtotal)
40:     return fee, fee
41:
42: class OwnedStock(object):
43:     def __init__(self):
44:         self.total_cost = 0     # 取得にかかったコスト（総額）
45:         self.total_count = 0    # 取得した株数（総数）
46:         self.current_count = 0 # 現在保有している株数
47:         self.average_cost = 0   # 平均取得価額
48:
49:     def append(self, count, cost):
50:         if self.total_count != self.current_count:
51:             self.total_count = self.current_count
52:             self.total_cost = self.current_count * self.average_cost
53:         self.total_cost += cost
54:         self.total_count += count
55:         self.current_count += count
56:         self.average_cost = math.ceil(self.total_cost / self.total_count)
57:
58:     def remove(self, count):
59:         if self.current_count < count:
60:             raise ValueError("can't remove", self.total_cost, count)
61:         self.current_count -= count
62:
63: class Portfolio(object):
64:     def __init__(self, deposit):
65:         self.deposit = deposit  # 現在の預り金
66:         self.amount_of_investment = deposit  # 投資総額
67:         self.total_profit = 0  # 総利益（税引き前）
68:         self.total_tax = 0   # （源泉徴収）税金合計
69:         self.total_fee = 0  # 手数料合計
70:         # 保有銘柄 銘柄コード -> OwnedStock への辞書
71:         self.stocks = collections.defaultdict(OwnedStock)
```

```python
72:
73:    def add_deposit(self, deposit):
74:        """預り金を増やす (= 証券会社に入金)
75:        """
76:        self.deposit += deposit
77:        self.amount_of_investment += deposit
78:
79:    def buy_stock(self, code, count, price):
80:        """株を買う
81:        """
82:        cost, fee = calc_cost_of_buying(count, price)
83:        if cost > self.deposit:
84:            raise ValueError('cost > deposit', cost, self.deposit)
85:
86:        # 保有株数増加
87:        self.stocks[code].append(count, cost)
88:
89:        self.deposit -= cost
90:        self.total_fee += fee
91:
92:    def sell_stock(self, code, count, price):
93:        """株を売る
94:        """
95:        subtotal = int(count * price)
96:        cost, fee = calc_cost_of_selling(count, price)
97:        if cost > self.deposit + subtotal:
98:            raise ValueError('cost > deposit + subtotal',
99:                            cost, self.deposit + subtotal)
100:
101:        # 保有株数減算
102:        stock = self.stocks[code]
103:        average_cost = stock.average_cost
104:        stock.remove(count)
105:        if stock.current_count == 0:
106:            del self.stocks[code]
107:
108:        # 儲け計算
109:        profit = int((price - average_cost) * count - cost)
110:        self.total_profit += profit
111:
112:        # 源泉徴収額決定
```

```
113:        current_tax = calc_tax(self.total_profit)
114:        withholding = current_tax - self.total_tax
115:        self.total_tax = current_tax
116:
117:        self.deposit += subtotal - cost - withholding
118:        self.total_fee += fee
119:
120:    def calc_current_total_price(self, get_current_price_func):
121:        """現在の評価額を返す
122:        """
123:        stock_price = sum(get_current_price_func(code)
124:                          * stock.current_count
125:                          for code, stock in self.stocks.items())
126:        return stock_price + self.deposit
```

①平均取得価額

　株を売却したときの利益は、株の売却で得たお金からその株を取得するのにかかったコストと売却に必要なコストを差し引いて計算されます。まず、取得にかかったコストについて考えてみましょう。

　例えば、ある株を1株1000円で100株分買ってそのあと100株全部売却した場合、売却時点における1株あたりの取得コストは手数料を考えなければ1000円です。では、複数回にわけて株を購入した場合、売却時点で取得にかかったコストはどのように計算するのでしょうか？

　取得コストの計算方法が変われば利益も変わり、税金の額も変わってしまうため、「総平均に準ずる方法」（総平均法）で計算すると定められています。証券会社で株を買うと、個別の保有銘柄の項目に平均取得価額や平均取得単価などの数値が表示されますが、これらの数値は総平均法で計算された1株あたりの取得にかかったコストです。

　総平均法における平均取得価額は、「最初に株を買ったときに持っていた株の取得価額＋そのあとに取得した株の取得コストの総額」を「最初に株を買ったときに持っていた株数＋そのあとに取得した株総数」で割って計算します。言葉だけでは理解するのが難しい内容ですので、具体例で説明します。

第3章　取引戦略とバックテスト　　55

表 3.1: 平均取得価額の計算例

|  | 約定単価 | 数量 | 取得コスト総額 | 取得株累計 | 保有株数 | 平均取得価額 |
|---|---|---|---|---|---|---|
| 1 買い | 1,000 | 100 | 0 → 100,000 | 0 → 100 | 0 → 100 | — → 1,000 |
| 2 買い | 1,500 | 100 | 100,000 → 250,000 | 100 → 200 | 100 → 200 | 1,000 → 1,250 |
| 3 売り | 2,000 | 100 | 250,000 → 250,000 | 200 → 200 | 200 → 100 | 1,250 → 1,250 |
| 4 買い | 2,000 | 100 | 125,000 → 325,000 | 100 → 200 | 100 → 200 | 1,250 → 1,625 |
| 5 売り | 2,500 | 200 | 325,000 → 325,000 | 200 → 200 | 200 → 0 | 1,625 → — |
| 6 買い | 3,000 | 100 | 0 → 300,000 | 0 → 100 | 0 → 100 | — → 3,000 |

表 3.1 は、ある同一銘柄を 6 回に分けて売買した場合の、それぞれの売買後の平均取得価額を表したものです。それぞれの売買における平均取得価額は次のように計算されています。ポイント①と②に注意してください。なお、売買にかかる手数料は除外して考えています。

1. 1000 円 100 株 買い

   100000 ÷ 100 で平均取得価額は 1000 円。

2. 1500 円 100 株 買い

   250000 ÷ 200 で平均取得価額は 1250 円。

3. 2000 円 100 株 売り

   ポイント①：平均取得価額の計算は株の取得時のみに行われるため、株を売却しても平均取得価額は変化しません売却時の利益は (約定単価 − 平均取得価額) × 数量 で計算されるため、このときの売却益は (2000 − 1250) × 100 で 75000 円です。

4. 2000 円 100 株 買い

   ポイント②：買い以前に売却が行われていて、かつ、まだ保有株数がある場合、保有株の取得価額は、平均取得価額 × 保有株数 で計算します。4. の買いが行われる直前の保有株は 100 株であり、その取得価額は買いが行われる前の平均取得価額から 1250 × 100 で 125000 円です。その後、4. の買いによって取得コストは 325000 円に増加し、また保有株が 200 株に増加するため、4. の買い後の平均取得価額は 325000 ÷ 200 で 1625 円です。

5. 2500 円 200 株 売り

   保有株数が 0 になるため、売りの後は平均取得価額は未定義の状態になります。

6. 3000 円 100 株 買い

   保有株をすべて売却後の買いなので、平均取得価額は単純に 3000 円です。

リスト 3.2 における OwnedStock クラスは、保有する株数が増える（＝ append メソッドが呼ばれる）たびに、今説明した方法で平均取得価額を計算しています。なお、平均取得価額は税制上、小数点以下を切り上げて計算することになっているため、math.ceil で切り上げを行っています。

なお、総平均法に対し購入・売却ごとにコストを計算する移動平均法という計算方法もあります。移動平均法は、仮想通貨の売買における所得の計算などで利用されています。

②源泉徴収

「1.1.2 源泉徴収あり？ なし？」で説明した通り、源泉徴収ありの特定口座で取引を行うと株の売

却ごとに源泉徴収がおこなわれます。実際に行われる源泉徴収は、1年間の利益の累計に対して必要な税金を取引ごとに徴収するものであるため、正確には**年**の概念を加味した計算を行う必要があります。例えば、2017年11月時点で2017年トータルで20万円の損失が出ている場合、12月に10万円の売却益が生じても2017年のトータルの損益はマイナスのままなので源泉徴収は行われません。しかし、10万の売却益が翌年の2018年1月に発生した場合は、その時点での2018年トータルの損益は10万円のプラスとなるため源泉徴収で約2万円が引かれてしまいます。

ただし、確定申告をすれば損失を3年間繰り越すことができること、また1年間の収支がマイナスの年が長期間続くような戦略に対して厳密なシミュレーションを行う必要はないとの考えから、本書で作成するシミュレーターでは「年」の概念を考慮していません。単純に売買ごとに損益の累計値から税金額をもとめ、その額がすでに源泉徴収済みの額以上であれば源泉徴収を行い、より小さい額であれば所持金に徴収しすぎたお金を加算する処理を、株を売った時に呼び出すPortfolioクラスのsell_stockメソッド内で実施しています。

### ③評価額の計算

現在の評価額はPortfolioクラスのcalc_current_total_priceメソッドで計算・取得できるようにしました。

それぞれの銘柄の現在の株価は、特定の関数ではなく、メソッドの引数で指定した関数で取得するようにしています。これは、現在の株価の取得方法や**現在**にどういう意味を持たせるのかなどを、本メソッド利用側で自由に変更できるようにするための工夫です。

例えば、指定した銘柄の指定した日付の四本値を辞書形式で返却する関数get_stock_price(code, date) のような関数がすでに実装されている場合、ある日、xdayの評価額を保有銘柄の終値で算出するのであれば、calc_current_total_priceメソッドは次のように呼び出すことになるでしょう。

```
portfolio.calc_current_total_price(
    lambda code : get_stock_price(code, xday)['close'])
```

### 3.2.4　注文クラス：Order

Orderクラスは注文は表すクラスです。翌日に実行したい注文のパターンごとにexecuteメソッドをオーバーライドしたOrderサブクラスを作成して利用します。リスト3.3は、Orderクラスと「3.3 簡単な取引戦略の例：ゴールデンクロスを利用した取引」と「3.4 株価以外も使う例：目標株価を利用した取引」で利用する以下の3つのクラスの実装です。

### ①買い注文
### BuyMarketOrderAsPossible

注文を執行するときの所持金で、買えるだけの株を成行で購入する注文です。なお、購入数量は単元株数の倍数にします。今回作成するシミュレーターは、市場が開く前に売買する株を決定するポリシーになっています。売買をすると決定をした時点では売買を行う時点での株価は不明である

第3章　取引戦略とバックテスト　57

ため、このようなクラスを作成しています。なお、実際の取引では、寄り付き前に現在の所持金で買えるだけの株数ぴったりの成行注文を出すことはできません。通常、成行注文の買いは現時点の株価（寄り付き前であれば昨日の終値）＋値幅制限（ストップ高）分の買付余力が必要です。実際の取引で、このクラスの買いの挙動とできるだけ同じようなことをするには、寄付直後に始値近辺での指値注文を行う必要があります。もちろんその場合、約定価格は始値ぴったりとならないため、完全にシミュレーションと実際の取引を合致させることはできません。

### BuyMarketOrderMoreThan

　指定額以上で最小の株数だけを成行で購入する注文です。なお、購入数量は単元株数の倍数にします。あまり小さな単位で株の売買を繰り返すと手数料がかさんでしまいます。そのため、ある程度大きな単位で売買ができるようこのようなクラスを作成しています。

## ②売り注文

### SellMarketOrder

　指定した株数を成行で売却する注文です。

リスト3.3: Orderクラスとサブクラス

```
 1: class Order(object):
 2:     def __init__(self, code):
 3:         self.code = code
 4:
 5:     def execute(self, date, portfolio, get_price_func):
 6:         pass
 7:
 8:     @classmethod
 9:     def default_order_logger(cls, order_type, date, code, count,
10:                              price, before_deposit, after_deposit):
11:         print("{} {} code:{} count:{} price:{} deposit:{} -> {}".format(
12:             date.strftime('%Y-%m-%d'),
13:             order_type,
14:             code,
15:             count,
16:             price,
17:             before_deposit,
18:             after_deposit
19:         ))
20:     logger = default_order_logger
21:
22: class BuyMarketOrderAsPossible(Order):
23:     """残高で買えるだけ買う成行注文
24:     """
25:     def __init__(self, code, unit):
```

58 ｜ 第3章　取引戦略とバックテスト

```python
26:        super().__init__(code)
27:        self.unit = unit
28:
29:    def execute(self, date, portfolio, get_price_func):
30:        price = get_price_func(self.code)
31:        count_of_buying_unit = int(portfolio.deposit / price / self.unit)
32:        while count_of_buying_unit:
33:            try:
34:                count = count_of_buying_unit * self.unit
35:                prev_deposit = portfolio.deposit
36:                portfolio.buy_stock(self.code, count, price)
37:                self.logger("BUY", date, self.code, count, price,
38:                            prev_deposit, portfolio.deposit)
39:            except ValueError:
40:                count_of_buying_unit -= 1
41:            else:
42:                break
43:
44: class BuyMarketOrderMoreThan(Order):
45:    """指定額以上で最小の株数を買う
46:    """
47:    def __init__(self, code, unit, under_limit):
48:        super().__init__(code)
49:        self.unit = unit
50:        self.under_limit = under_limit
51:
52:    def execute(self, date, portfolio, get_price_func):
53:        price = get_price_func(self.code)
54:        unit_price = price * self.unit
55:        if unit_price > self.under_limit:
56:            count_of_buying_unit = 1
57:        else:
58:            count_of_buying_unit = int(self.under_limit / unit_price)
59:        while count_of_buying_unit:
60:            try:
61:                count = count_of_buying_unit * self.unit
62:                prev_deposit = portfolio.deposit
63:                portfolio.buy_stock(self.code, count, price)
64:                self.logger("BUY", date, self.code, count, price,
65:                            prev_deposit, portfolio.deposit)
66:            except ValueError:
```

```
67:                    count_of_buying_unit -= 1
68:            else:
69:                break
70:
71: class SellMarketOrder(Order):
72:     """成行の売り注文
73:     """
74:     def __init__(self, code, count):
75:         super().__init__(code)
76:         self.count = count
77:
78:     def execute(self, date, portfolio, get_price_func):
79:         price = get_price_func(self.code)
80:         prev_deposit = portfolio.deposit
81:         portfolio.sell_stock(self.code, self.count, price)
82:         self.logger("SELL", date, self.code, self.count, price,
83:                     prev_deposit, portfolio.deposit)
```

### 3.2.5　シミュレーター本体部分

　PortfolioクラスとOrderクラスまでできれば、シミュレーターの本体部分は比較的簡単です。リスト3.4にシミュレーターの本体部分のコードを示します。simulate関数がシミュレーターのメイン関数です。

リスト3.4: シミュレーター本体

```
 1: def tse_date_range(start_date, end_date):
 2:     tse_business_day = pd.offsets.CustomBusinessDay(
 3:         calendar=japandas.TSEHolidayCalendar())
 4:     return pd.date_range(start_date, end_date,
 5:                          freq=tse_business_day)
 6:
 7: def simulate(start_date, end_date, deposit, trade_func,
 8:              get_open_price_func, get_close_price_func):
 9:     """
10:     [start_date, end_date]の範囲内の売買シミュレーションを行う
11:     deposit: 最初の所持金
12:     trade_func:
13:         シミュレーションする取引関数
14:         (引数 date, portfolio でOrderのリストを返す関数)
15:     get_open_price_func:
16:         指定銘柄コードの指定日の始値を返す関数 (引数 date, code)
```

60　第3章　取引戦略とバックテスト

```
17:        get_close_price_func:
18:            指定銘柄コードの指定日の終値を返す関数 (引数 date, code)
19:        """
20:
21:        portfolio = Portfolio(deposit)
22:
23:        total_price_list = []
24:        profit_or_loss_list = []
25:        def record(d):
26:            # 本日 (d) の損益などを記録
27:            current_total_price = portfolio.calc_current_total_price(
28:                lambda code: get_close_price_func(d, code))
29:            total_price_list.append(current_total_price)
30:            profit_or_loss_list.append(current_total_price
31:                                       - portfolio.amount_of_investment)
32:
33:        def execute_order(d, orders):
34:            # 本日 (d) において注文 (orders) をすべて執行する
35:            for order in orders:
36:                order.execute(date, portfolio,
37:                              lambda code: get_open_price_func(d, code))
38:
39:        order_list = []
40:        date_range = [pdate.to_pydatetime().date()
41:                      for pdate in tse_date_range(start_date, end_date)]
42:        for date in date_range[:-1]:
43:            execute_order(date, order_list)         # 前日に行われた注文を執行
44:            order_list = trade_func(date, portfolio) # 明日実行する注文を決定する
45:            record(date)                            # 損益等の記録
46:
47:        # 最終日に保有株は全部売却
48:        last_date = date_range[-1]
49:        execute_order(last_date,
50:                      [SellMarketOrder(code, stock.current_count)
51:                       for code, stock in portfolio.stocks.items()])
52:        record(last_date)
53:
54:        return portfolio, \
55:                pd.DataFrame(data={'price': total_price_list,
56:                                   'profit': profit_or_loss_list},
57:                            index=date_range)
```

第3章 取引戦略とバックテスト | 61

リスト 3.4 の tse_date_range は、指定した範囲内の東証（TSE）の営業日を pandas の DatetimeIndex の形式（簡単に言えば日付の配列的なもの）で返す関数です。この機能を実現するためには東証の休業日の情報が必要ですが、この関数では japandas というモジュールを利用して東証の休業日の情報（TSEHolidayCalendar）を取得しています。jpandas は pip japandas でインストールすることができます。

## 3.3 簡単な取引戦略の例：ゴールデンクロスを利用した取引

本節では「3.2 シミュレーターの作成」で作成したシミュレーターを用いて、ゴールデンクロス・デッドクロスを用いる、古典的な取引戦略に基づく株取引をシミュレーションしてみます。

### 3.3.1 ゴールデンクロスとデッドクロス

株取引などにおいて、将来の株価の変化を過去の株価や出来高の値動きから予想・分析する手法をテクニカル分析と呼びます。一方、企業の財務諸表や競争優位性、企業が所属する産業の状況、さらには世界経済の状況などから、現在の株価がその企業の本来の価値に対して割高か割安か、または今後の成長が見込めるかなどを分析する手法をファンダメンタルズ手法と呼びます。

本節で紹介するゴールデンクロスとデッドクロスは、テクニカル分析における古典的手法であり、最も有名な手法の一つと言えるものです。

#### 1．移動平均線

図 3.4 のような株価のチャートに描かれている折れ線グラフは、大抵の場合移動平均線を示しています。移動平均線は様々な指標（テクニカル指標）のなかで基本中の基本といえるものです。

図 3.4: 株価チャートの例（ロウソク足と移動平均線）

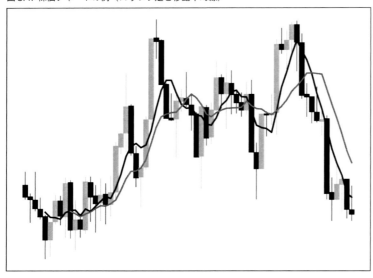

移動平均線とは、過去 X 日分（営業日）の株価（終値）の平均値をプロットしたグラフです。日足

であれば5日、25日、75日の移動平均線がよく用いられます。移動平均線は英語でMoving Average というため、例えば25日移動平均線であればMA(25)などと表現される場合があります。また、Xの相対的な大きさによって移動平均線を短期線（Xが小さい）、長期線（Xが大きい）、中期線（Xが中くらい）とクラス分けする場合があります。

なお、本書では扱いませんが指数移動平均線（Exponential Moving Average：EMA）、加重移動平均線（Weighted Moving Average：WMA）と呼ばれるテクニカル指標があります。それらに対する用語として株価の単純な平均をとっている、ここで紹介した移動平均線のことを単純移動平均線（Simple Moving Average：SMA）と呼ぶ場合があります。

２．ゴールデンクロスとデッドクロス

ゴールデンクロスとデッドクロスは、移動平均線を使ったテクニカル分析の代表的なものです。期間の長い移動平均線（長期線）と、期間の短い移動平均線（短期線）がクロスする点に着目します。

**ゴールデンクロス**

短期線が長期線を下から上へと突き抜けることです。ゴールデンクロスが出現すると、株価が上昇する方向にあると一般的には言われています。

**デッドクロス**

短期線が長期線を上から下へと突き抜けることです。デッドクロスが出現すると、株価は下降する方向にあると一般的には言われています。

図3.5: ゴールデンクロスとデッドクロス

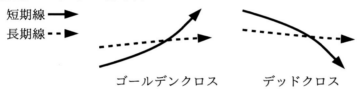

なお、株価が今後上昇または下降しそうな状況がチャートに現れたとき、その印のことをシグナルやサインと呼びます。ゴールデンクロスは買いシグナル（買いサイン）、デッドクロスは売りシグナル（売りサイン）です。

### 3.3.2 ゴールデンクロス・デッドクロスでTOPIX CORE 30を売買する戦略

「買いシグナルであるゴールデンクロスで株を買い、売りシグナルであるデッドクロスで株を売る」簡単かつ古典的なこの戦略をコード化して、「3.2 シミュレーターの作成」で作成したシミュレーターでテストしてみましょう。

戦略をコード化してシミュレーションするには、もう少し戦略とシミュレーションの条件を具体化する必要があります。ここでは次のように具体化してみました。

・取引対象はTOPIX Core30の30銘柄とする。
・ある日に現在保有していない銘柄でゴールデンクロスが発生していたら、次の日にその銘柄を10万円以上となる最低の単元数だけ始値で買う。ただし所持金が足らない場合は買わない。な

お、複数の銘柄で同時にゴールデンクロスが発生している場合、銘柄コードが小さいものを優
先して買う。

・ある日に現在保有している銘柄でデッドクロスが発生していたら、次の日にその銘柄を全数、初
値で売る。

・シミュレーション期間は2010年4月1日から2018年4月1日。なお2010年4月1日をスタートとし
たのは、「3.3.4 ゴールデンクロス・デッドクロス戦略のシミュレーション結果」で紹介する比
較対象のETF 1344の上場日が2008年9月22日であったので、それ以降の切りのいい場所として
選択。

・シミュレーション開始時の所持金は100万円。

TOPIX Core30とは、東証一部上場銘柄の中で、時価総額と流動性がともに特に高い30銘柄を選
んで構成された株価指数です。流動性が高いとは出来高が十分にあり、買いたいときに株を買え、
売りたいときに株を売れるような状態にあることをいうことをいいます。

TOPIX Core30の顔ぶれは2018年4月1日時点で表3.2の通りで日本を代表する超大手企業が選ば
れています。

表 3.2: TOPIX Core30 採用銘柄

| 銘柄コード | 銘柄名 | 銘柄コード | 銘柄名 |
|---|---|---|---|
| 2914 | 日本たばこ産業 | 7751 | キヤノン |
| 3382 | セブン&アイ・ホールディングス | 7974 | 任天堂 |
| 4063 | 信越化学工業 | 8031 | 三井物産 |
| 4502 | 武田薬品工業 | 8058 | 三菱商事 |
| 4503 | アステラス製薬 | 8306 | 三菱UFJフィナンシャル・グループ |
| 6501 | 日立製作所 | 8316 | 三井住友フィナンシャルグループ |
| 6752 | パナソニック | 8411 | みずほフィナンシャルグループ |
| 6758 | ソニー | 8766 | 東京海上ホールディングス |
| 6861 | キーエンス | 8802 | 三菱地所 |
| 6902 | デンソー | 9020 | 東日本旅客鉄道 |
| 6954 | ファナック | 9022 | 東海旅客鉄道 |
| 6981 | 村田製作所 | 9432 | 日本電信電話 |
| 7201 | 日産自動車 | 9433 | KDDI |
| 7203 | トヨタ自動車 | 9437 | NTTドコモ |
| 7267 | 本田技研工業 | 9984 | ソフトバンクグループ |

今回、TOPIX Core30に選ばれている銘柄を対象としたのは、これらの銘柄であればその流動性
の高さから実際の市場で取引する場合においても初値近辺で株を売買するのは容易であろう、つま
りシミュレーションの結果と実際の売買の結果が合致しやすいとの考えからです。なお、TOPIX
Core30に選ばれている銘柄は、年に一度見直しが行われています。例えば2017年は7974の任天堂
が追加され、8801の三井不動産が除外されました。そのため、TOPIX Core30銘柄を売買の対象と
するのであれば、正確には年ごとに売買対象とする銘柄も変化させる必要があります。しかし今回

64　　第3章　取引戦略とバックテスト

のシミュレーションでは簡単にするため、2018年4月時点での採用銘柄をシミュレーションの全区間で売買対象としました。

ある日にゴールデンクロスが発生している銘柄が複数存在する場合、いくつかの対応が考えられます。例えば、ゴールデンクロスが発生している銘柄の中で出来高が大きい銘柄をひとつだけ選んで、そのひとつの銘柄に所持金全額をつぎ込んだり、所持金を均等に割り振るなどです。今回は、〇〇円以上となる最低の単元数だけを銘柄コードが小さいものから順に買うと決めました。

### 3.3.3　シミュレーションのコード

「3.3.2 ゴールデンクロス・デッドクロスでTOPIX CORE 30を売買する戦略」で詳細化した戦略を、Pythonのコードにします。移動平均線ならびにゴールデンクロス・デッドクロスは、pandasの機能を使うと簡単に算出できます。完成後のコードをリスト3.5に示します。simulate_golden_dead_cross 関数がシミュレーションのメイン関数です。詳しい内容はコードに続いて説明します。なお、コード中のsim.〜で参照している関数やクラスは、「3.2 シミュレーターの作成」で作成したものです。pdはpandasモジュールを指しています。

リスト3.5: ゴールデンクロス・デッドクロスのシミュレーションコード

```
 1: def create_stock_data(db_file_name, code_list, start_date, end_date):
 2:     """指定した銘柄（code_list）それぞれの単元株数と日足（始値・終値）を含む辞書を作成
 3:     """
 4:     stocks = {}
 5:     tse_index = sim.tse_date_range(start_date, end_date)
 6:     conn = sqlite3.connect(db_file_name)
 7:     for code in code_list:
 8:         unit = conn.execute('SELECT unit from brands WHERE code = ?',
 9:                             (code,)).fetchone()[0]
10:         prices = pd.read_sql('SELECT date, open, close '
11:                              'FROM prices '
12:                              'WHERE code = ? AND date BETWEEN ? AND ?'
13:                              'ORDER BY date',
14:                              conn,
15:                              params=(code, start_date, end_date),
16:                              parse_dates=('date',),
17:                              index_col='date')
18:         stocks[code] = {'unit': unit,
19:                         'prices': prices.reindex(tse_index, method='ffill')}
20:     return stocks
21:
22: def generate_cross_date_list(prices):
23:     """指定した日足データーよりゴールデンクロス・デッドクロスが生じた日のリストを生成
24:     """
```

```python
25:     # 移動平均を求める
26:     sma_5 = prices.rolling(window=5).mean()
27:     sma_25 = prices.rolling(window=25).mean()
28:
29:     # ゴールデンクロス・デッドクロスが発生した場所を得る
30:     sma_5_over_25 = sma_5 > sma_25
31:     cross = sma_5_over_25 != sma_5_over_25.shift(1)
32:     golden_cross = cross & (sma_5_over_25 == True)
33:     dead_cross = cross & (sma_5_over_25 == False)
34:     golden_cross.drop(golden_cross.head(25).index, inplace=True)
35:     dead_cross.drop(dead_cross.head(25).index, inplace=True)
36:
37:     # 日付のリストに変換
38:     golden_list = [x.date()
39:                       for x
40:                       in golden_cross[golden_cross].index.to_pydatetime()]
41:     dead_list = [x.date()
42:                     for x
43:                     in dead_cross[dead_cross].index.to_pydatetime()]
44:     return golden_list, dead_list
45:
46:
47: def simulate_golden_dead_cross(db_file_name,
48:                                 start_date, end_date,
49:                                 code_list,
50:                                 deposit,
51:                                 order_under_limit):
52:     """deposit: 初期の所持金
53:        order_order_under_limit: ゴールデンクロス時の最小購入金額
54:     """
55:
56:     stocks = create_stock_data(db_file_name, code_list, start_date, end_date)
57:
58:     # {ゴールデンクロス・デッドクロスが発生した日 : 発生した銘柄のリスト}
59:     # の辞書を作成
60:     golden_dict = defaultdict(list)
61:     dead_dict = defaultdict(list)
62:     for code in code_list:
63:         prices = stocks[code]['prices']['close']
64:         golden, dead = generate_cross_date_list(prices)
65:         for l, d in zip((golden, dead), (golden_dict, dead_dict)):
```

66 | 第3章　取引戦略とバックテスト

```
66:            for date in l:
67:                d[date].append(code)
68:
69:    def get_open_price_func(date, code):
70:        return stocks[code]['prices']['open'][date]
71:
72:    def get_close_price_func(date, code):
73:        return stocks[code]['prices']['close'][date]
74:
75:    def trade_func(date, portfolio):
76:        order_list = []
77:        # Dead crossが発生していて持っている株があれば売る
78:        if date in dead_dict:
79:            for code in dead_dict[date]:
80:                if code in portfolio.stocks:
81:                    order_list.append(
82:                        sim.SellMarketOrder(code,
83:                            portfolio.stocks[code].current_count))
84:        # 保有していない株でgolden crossが発生していたら買う
85:        if date in golden_dict:
86:            for code in golden_dict[date]:
87:                if code not in portfolio.stocks:
88:                    order_list.append(
89:                        sim.BuyMarketOrderMoreThan(code,
90:                                                stocks[code]['unit'],
91:                                                order_under_limit))
92:        return order_list
93:
94:    return sim.simulate(start_date, end_date,
95:                        deposit,
96:                        trade_func,
97:                        get_open_price_func, get_close_price_func)
```

①株価情報の取得 create_stock_data

リスト3.5のcreate_stock_data関数では、引数code_listに含まれるそれぞれの銘柄について、単元数(unit)と、指定した日付の範囲の始値(open)と終値(close)からなるpandasのDataFrameを指定したSQLiteのデーターベースファイルより生成し、それぞれの要素を銘柄コードをキーとした辞書で返却します。

SQLiteから日足のデーターをDataFrameの形式で取得するのは、「3.1.1 pandasにデーターを読み込む」で紹介したのと同じくpandasモジュールのread_sqlで行っています（Line. 10）。ただし、

第3章　取引戦略とバックテスト　67

そのDataFrameをそのまま使わずLine.19にてreindexというメソッドで呼び出しています。

reindexはその名の通りindexを付け直すメソッドです。SQLiteに指定した日付内の東証の営業日に対する株価データーがすべて格納されていればよいのですが、実際には何かの理由で一部の日のデーターが欠けている可能性があります。

例えば、start_dateに2018年3月22日、end_dateに同年同月28日を指定した場合、この間の東証の営業日は3月22、23、26、27、28日です。しかし3月26日のデーターがSQLiteに格納されていなかった場合、read_sqlの結果で得られるDataFrameは、次のように3月26日のデーターが存在しない状態になります。

| date | open | close |
|------|------|-------|
| 2018-3-22 | 1000 | 1100 |
| 2018-3-23 | 1010 | 1090 |
| 2018-3-27 | 1080 | 1050 |
| 2018-3-28 | 1100 | 1300 |

このDataFrameに対してreindexを3月22、23、26、27、28日が羅列されているindex（sim.tse_date_rangeが返すDatetimeIndex型）を引数にdataframe.reindex(index)のように呼び出すと、dataframeの中身は次のように3月26日の行も存在する状態になります。しかし、もとのdataframeに3月26日のデーターはないため、値はNaN（欠損値）が割り当てられます。

| date | open | close |
|------|------|-------|
| 2018-3-22 | 1000 | 1100 |
| 2018-3-23 | 1010 | 1090 |
| 2018-3-26 | NaN | NaN |
| 2018-3-27 | 1080 | 1050 |
| 2018-3-28 | 1100 | 1300 |

ここでreindexにmethodオプションを指定すると、欠損値を埋めてくれます。methodに指定できる値には次のようなものがあります。

**ffill (または pad)**

欠損している個所より前方にある有効なデーターで埋める

**bfill (または backfill)**

欠損している個所より後方にある有効なデーターで埋める

**nearest**

欠損している個所にもっとも近い個所にある有効なデーターで埋める

リスト3.5ではffillを指定しています。ffillを指定すると先程の例のdataframeは次のようになります。

| date | open | close |
|------|------|-------|
| 2018-3-22 | 1000 | 1100 |
| 2018-3-23 | 1010 | 1090 |
| 2018-3-26 | 1010 | 1090 |
| 2018-3-27 | 1080 | 1050 |
| 2018-3-28 | 1100 | 1300 |

②ゴールデンクロス・デッドクロス発生日のリスト生成 generate_cross_date_list

　この関数は、次のような引数で与えられたpandasのSeries型のprices（終値closeのデーターが格納されていることを想定）から、5日移動平均線と25日移動平均線のゴールデンクロスとデッドクロスが発生した日のリストを生成し返却します。

```
In [13]: prices
Out[13]:
date
2017-10-02    6701.0
2017-10-03    6747.0
2017-10-04    6730.0
2017-10-05    6784.0
2017-10-06    6820.0
:略
```

　最初にpricesに対して呼び出している（Line 26）rollingメソッドは、窓関数を移動させながらデーターに対して適用するものです。窓関数とは教科書的には「ある有限区間以外で0となる関数」と説明されます。窓関数が大体どんなものなのか、また、rollingがどのような効果をもつメソッドなのかを具体例で説明します。

第3章　取引戦略とバックテスト　69

図 3.6: 窓関数

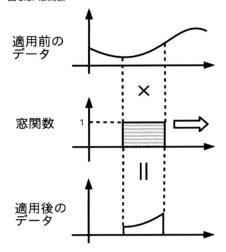

　図3.6の中段は窓関数の例です。この例では、斜線が引いてある部分のみ値が1で残りの部分は値が0となっています。この窓関数を図の上段のようなデーターに掛け合わせると、図の下段のように窓関数の斜線が引いてある区間の外側がすべて0になります。rollingは、窓関数をもとのデーターに対して窓関数の位置をずらしながら適用します。rollingのデフォルトは、図の例と同じような矩形の窓関数が適用され、オプションwindowsで指定している値は窓関数の幅を指定しています。つまり、prices.rolling(window=5)とは、pricesから5個ずつデーターを取り出す処理であると考えればよいでしょう。

　次にrolling(window=5)の後ろについているmeanですが、これは窓関数を適用後のデーターの平均を計算するメソッドです。meanのほかにも、合計値を計算するsumや標準偏差を計算するstdなどを指定することができます。計算した値は、デフォルトでは窓関数の一番右端（＝最後のデーター）と同じIndexに格納されます。

　図3.7は、リスト3.5のLine.26のsma_5 = prices.rolling(window=5).mean()の処理の模式図です。先頭の4つにはNaNが入ります。この1行で5日移動平均線を求めることができます。25日移動平均線はwindow=5の5を25に変えるだけで同様に求めることができます。

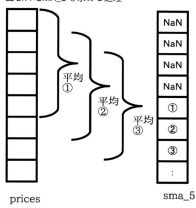

図 3.7: SMA_5 を求める処理

手に入れた5日移動平均線と25日移動平均線から、次はゴールデンクロス・デッドクロスが発生した場所を求めていきます。リスト3.5のLine.30〜35がその処理です。

PandasのSeriesやDataFrame同士を四則演算子や比較演算子などで結ぶと、同じIndexの要素同士が演算されてその結果が格納されたSeriesやDataFrameが返ります。よってLine.30のsma_5_over_25は、次のような日付ごとに5日移動平均線が25日移動平均線より上にあったか（あればTrue）、なかったか（なければFalse）が格納されたSeriesになります。

```
In [24]: sma_5_over_25
Out[24]:
date
2017-10-02     False
2017-10-03     False
:略
2017-11-08     True
2017-11-09     True
:略
```

次にふたつの移動平均線がクロスする日をLine.31で求めています。shiftはデーターを指定した数だけずらすメソッドです。shift(1)したデーターとしていないデーターを比較することで、sma_5_over_25の値が変化した日、すなわちふたつの移動平均線がクロスした日のみTrueが格納されたSeriesであるcrossが求められます。

あとは、クロスした日に5日移動平均線が上にあればそれはゴールデンクロス、下にあればデッドクロスなので、Line.32と33でゴールデンクロスした日のみTrueが格納されたgolden_cross、デッドクロスした日のみTrueが格納されているdead_crossが求められます。

ここで25日移動平均線を求めるためには25日分のデーターが必要であり、クロスが発生したか否かの判定は、ふたつの移動平均線が有効になった次の日以降でないとできません。つまり、golden_crossとdead_crossの先頭25日分のデーターには正しくないデーターが格納されているため、Line.34と

35で先頭25日分データーを削除しています。

最後にLine.38〜43でgolden_cross、dead_crossからそれぞれのクロスが発生した日のリストを生成しています。SeriesまたはDataFrameの[]の中に論理値をデーターとするSeriesなどの配列を渡すと、Trueの要素のみを選択することができます。これにより、golden_cross[golden_cross].indexは、golden_crossの中でTrueとなっている要素のIndex、すなわちゴールデンクロスが発生した日付の一覧を返却していることになります。

③シミュレーションのメイン関数 simulate_golden_dead_cross

リスト3.5のsimulate_golden_dead_cross関数が、シミュレーションを実際に行う関数です。

まず初めに、これまでに説明してきたcreate_stock_data関数とgenerate_cross_date_list関数を用いて、引数code listに含まれる銘柄それぞれの単元数や日足データーなどのリストと、日付がキーであるそれぞれの日にクロスが生じた銘柄のリストを含む辞書を生成しています。

あとは、翌日の注文を決定する関数trade_funcで、このリストを参照しながら買い注文・売り注文を行っています。

### 3.3.4　ゴールデンクロス・デッドクロス戦略のシミュレーション結果

「3.3.3 シミュレーションのコード」で作成したsimulate_golden_dead_cross関数を使って、「3.3.2 ゴールデンクロス・デッドクロスでTOPIX CORE 30を売買する戦略」に記載した条件にてシミュレーションを実行した結果が図3.8と図3.9です。100万円の現金が最終的に約169万円まで増えました。大成功と言えるでしょうか？

図3.8: ゴールデンクロス・デッドクロス戦略のシミュレーション実行

```python
import golden_core30
from pandas_highcharts.display import display_charts
```

```python
import datetime
```
...

```python
db_path = 'D:/pykabu_data/stock.db'
```
...

```python
start_date = datetime.date(2010, 4,1)
end_date = datetime.date(2018, 4, 1)
```
...

```python
# Core30銘柄コード
code_list = (
2914,3382,4063,4502,4503,6501,6752,6758,6861,6902,
6954,6981,7201,7203,7267,7751,7974,8031,8058,8306,
8316,8411,8766,8802,9020,9022,9432,9433,9437,9984)
```
...

```python
# 最初の所持金
deposit = 1000000
```
...

```python
# 最低購入額
order_under_limit = 100000
```
...

```python
# シミュレーション実行
portfolio, result = golden_core30.simulate_golden_dead_cross(
    db_path, start_date, end_date,
    code_list, deposit, order_under_limit
)
```

```
2010-05-17 BUY code:9984 count:100 price:2244.0 deposit:1000000 -> 775330
2010-05-19 BUY code:6902 count:100 price:2640.0 deposit:775330 -> 511060
2010-05-21 SELL code:6902 count:100 price:2488.0 deposit:511060 -> 759590
2010-05-24 BUY code:9432 count:100 price:1885.0 deposit:759590 -> 570977
2010-05-26 SELL code:9432 count:100 price:1867.5 deposit:570977 -> 757614
```

第3章 取引戦略とバックテスト | 73

図 3.9: ゴールデンクロス・デッドクロス戦略のシミュレーション結果

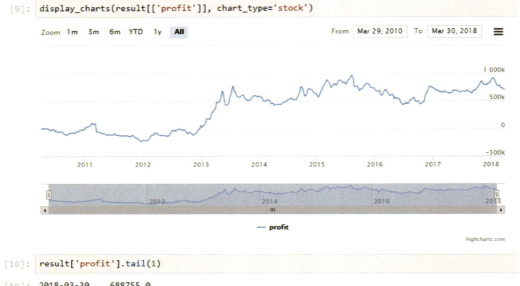

いいえ、そうとはまだ言い切れません。2012年の終わりぐらいから日本株は全体的に上昇をしました。そのためゴールデンクロス・デッドクロスでの取引なんて考えずに、単純にTOPIX Core30の銘柄をシミュレーションの区間で保有し続けるだけで、同じだけの利益を得られた可能性があります。

確認してみましょう。正確さには欠けますが、簡単に確認する方法としてTOPIX Core30に連動するETFをシミュレーション期間の最初に100万円購入し、期間の最後まで売らなかった場合と比較する方法が考えられます。正確ではない理由は、ETFの価格の変動は連動する指標の変動と必ずしも一致しないことと、またETFはTOPIX Core30組み入れ銘柄の入れ替えが考慮される一方、ゴールデンクロス・デッドクロスでの取引シミュレーションでは銘柄の入れ替えを考慮していないためです。

ある銘柄をシミュレーション開始日に購入し、最終日に売却するシミュレーションのコードはリスト3.6のように書くことができます。

リスト 3.6: 購入後して最終日に売るシミュレーションコード

```
1: def simulate_buy_and_hold(db_file_name, start_date, end_date, code, deposit):
2:
3:     stocks = create_stock_data(db_file_name, (code,),
4:                                start_date, end_date)
5:
6:     def get_open_price_func(date, code):
7:         return stocks[code]['prices']['open'][date]
```

```
 8:
 9:     def get_close_price_func(date, code):
10:         return stocks[code]['prices']['close'][date]
11:
12:     def trade_func(date, portfolio):
13:         if date == start_date:
14:             return [sim.BuyMarketOrderAsPossible(
15:                 code, stocks[code]['unit'])]
16:         return []
17:
18:     return sim.simulate(start_date, end_date, deposit,
19:                        trade_func,
20:                        get_open_price_func, get_close_price_func)
```

　ここで比較対象のTOPIX Core30に連動するETFとして銘柄コード1344（MAXIS トピックス・コア30上場投信）を選びました。コード1344を対象にリスト3.6にてシミュレーションを行った時の利益の推移と、ゴールデンクロス・デッドクロス戦略をシミュレーションした時の推移をひとつのグラフにプロットしたものが図3.10です。ゴールデンクロス・デッドクロス戦略が最終的に約69万円の利益に対しETFは約22万円の利益になっています。

図3.10: ゴールデンクロス・デッドクロス戦略（実線）とETF戦略（破線）の利益の推移

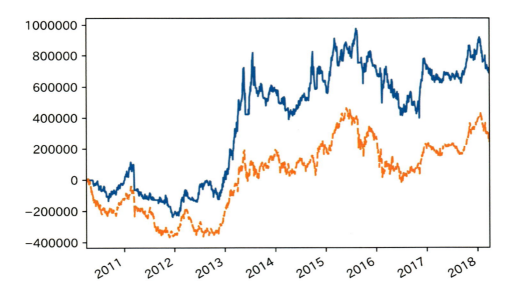

　このことから、少なくとも今回のシミュレーション条件においては、銘柄コードの1344のETFを

購入して放置しておくより、ゴールデンクロス・デッドクロス戦略でTOPIX Core30の銘柄を売り買いしていた方が儲けることができた、と言えます。

ただし、このシミュレーション結果からは、例えば売買の対象を東証に上場している全銘柄とした場合や最初の所持金がもっと多い・少なかった場合など、他の条件においてもゴールデンクロス・デッドクロス戦略のほうが儲けられるかは分かりません。戦略の優位性を示すには、様々な角度からの分析が必要です。

なお、良く知られているテクニカル指標だけあって、一般にゴールデンクロス・デッドクロスだけでは有効な買い・売りシグナルとはならないといわれています。今回は、あくまで簡単な取引戦略の例として紹介しました。

## 3.4　株価以外も使う例：目標株価を利用した取引

本節では、株価（日足）データー以外の情報を利用して取引を行う例として、証券会社が提供している目標株価を利用した取引戦略をシミュレーションしてみます。

### 3.4.1　レーティングと目標株価

レーティングとは、証券会社などがそれぞれの銘柄について行う格付けのことです。各証券会社は、投資家向けに市場の分析結果などの投資判断情報をレポートとして提供しており、そのなかでこの株は「買い」、この株は「売り」、この株はこの先も今ぐらいの株価のままだろう、といった格付けを行っています。そして、レーティングと共に提供されることが多いのが目標株価です。

目標株価とは、アナリストがその企業の業績などを分析して、その企業の株価として妥当だろうと判断した予想株価のことです。

証券会社が提供するレポートは、多くの場合、証券会社に口座を作れば無料で見ることができます。しかし、レポートの全文ではなく格付けや目標株価の情報だけであれば、株関連情報を提供するWebサイトで、様々な証券会社が出している値を次のような一覧で見ることができます。なお、銘柄名や証券会社などはすべて架空のものです。

| 発表日 | 銘柄 | 証券会社 | 投資評価 | 目標株価 |
|---|---|---|---|---|
| XX月XX日 | ほげ工業 | ○○証券 | Buy | 1200 |
| XX月XX日 | FOO HD | ××証券 | Underperform | 2500 |
| XX月XX日 | 肉 | △△証券 | 買い | 800 |

なお、投資評価（レーティング）のそれぞれのランクの名称は証券会社によって異なり、日本語で買いとか強気とか格付けしているところもあれば、英語で格付けしているところ、またA、B、Cなどの記号で格付けしているところと様々です。それぞれのランクの定義も証券会社によって異なっています。

### 3.4.2 毎月入金しながら目標株価をみて株を売買する戦略

目標株価は、少なくとも筆者のような素人ではなくその道のプロが仕事として算出しているものです。素人は黙ってプロの言うことに従っていれば間違いない、という考えもあるかもしれません。それで儲かるでしょうか？シミュレーションしてみましょう。

「3.3 簡単な取引戦略の例：ゴールデンクロスを利用した取引」ではシミュレーション開始時から種銭は固定してシミュレーションしたので、今回は別パターンとして、種銭を増やしながら目標株価をみて株を売買する場合のシミュレーションを行ってみます。

シミュレーションの条件は次のように具体化しました。

・ある日に5万円以上の所持金を持っていたら、新規に購入する株を物色する。
・購入する株は、物色日の1か月前から物色日までに公開された各証券会社の目標株価の平均値が物色日の終値と比べ20%より高い銘柄のうち、その割合が最も高いひとつの銘柄とする。
　―1か月の間に、ある証券会社がある銘柄について目標株価を複数回発表している場合、最後に発表された目標株価を利用する。
　―すでに保有している銘柄も購入対象とする。
・選んだ銘柄を、物色日の翌日に所持金で買えるだけ初値で買う。ただし、購入株数は単元株の倍数とし、また所持金が不足しており1単元も選んだ株を買えない時は購入しない。
・購入した銘柄の終値が平均取得価額の±20%になった場合、その株を翌日の初値ですべて売る。
・シミュレーション期間は、2008年4月1日から2018年4月1日の10年間。
・シミュレーション開始時の所持金は100万円。ただし毎月の月初めに5万円所持金を増やす。

毎月5万円ずつ種銭を増やすのは、実際に行うには勇気がいると思いますが給料の一部を毎月株に回しながら取引を行っていくスタイルをイメージして設定した条件です。

### 3.4.3 目標株価の取得とSQLiteへの格納

今回のシミュレーションを行うためには、シミュレーションの期間に公開された目標株価の情報が必要です。その情報は第2章で紹介した技（PyQueryやseleniumなど）を利用して、任意の株関連情報提供サイトより取得するとよいでしょう。例えばトレーダーズ・ウェブ（http://www.traders.co.jp/）などがプログラムから情報を入手しやすいでしょう。

取得した目標株価（レーティング）情報は、例によって筆者はSQLiteの次のようなテーブルに格納して管理しています。

```
CREATE TABLE raw_ratings (
  date TEXT,        -- 公開日
  code TEXT,        -- 銘柄コード
  think_tank TEXT,  -- 目標株価を公表した証券会社などの名前
  rating TEXT,      -- レーティング
  target REAL,      -- 目標株価（未調整）
  PRIMARY KEY(date, code, think_tank)
);
```

```
CREATE TABLE ratings (
  date TEXT,       -- 公開日
  code TEXT,       -- 銘柄コード
  think_tank TEXT, -- 目標株価を公表した証券会社などの名前
  rating TEXT,     -- レーティング
  target REAL,     -- 目標株価（調整後）
  PRIMARY KEY(date, code, think_tank)
);
```

raw_ratingsとratingsの違いは、targetに格納された目標株価です[1]。

過去に公開された目標株価は、その時点での株価などをもとに算出されているため、その後に株式の分割や併合が行われた場合は、その当時の目標株価と今の株価をそのまま比較することはできません。「1.5 株式分割と併合」では2010年の5月31日を基準日として行われたDeNA（銘柄コード:2432）の株式分割を取り上げましたが、DeNAについては2010年5月6日にとある証券会社が目標株価100万円を設定しています。対して2018年の3月のDeNAの株価はおおよそ1900〜2000円程度です。Webサイトから入手した過去の目標株価情報をそのまま利用すると、正しい結果が得られないことが分かると思います。

筆者はWebサイトから得たレーティング情報を、まずはそのままraw_ratingsテーブルに保存しておいて、そのあとで別途管理している株式分割・併合情報をもとに調整後株価を算出し、ratingsテーブルの情報を作成しています。

### 3.4.4　シミュレーションのコード

「3.4.2 毎月入金しながら目標株価をみて株を売買する戦略」で詳細化した条件でシミュレーションを行うPythonのコードをリスト3.7に示します。simulate_rating_tradeがシミュレーションのメイン関数です。詳しくはコードにつづいて説明します。

リスト3.7: 目標株価を利用した取引のシミュレーションコード

```
 1: import simulator as sim
 2: import sqlite3
 3: from dateutil.relativedelta import relativedelta
 4:
 5: def simulate_rating_trade(db_file_name, start_date,
 6:                           end_date, deposit, reserve):
 7:     conn = sqlite3.connect(db_file_name)
 8:
 9:     def get_open_price_func(date, code):
10:         r = conn.execute('SELECT open FROM prices '
```

---

1. 本当はこんな風に同じようなテーブルを作るのは良くない設計ですが、少々手を抜いています。

```
11:                          'WHERE code = ? AND date <= ? '
12:                          'ORDER BY date DESC LIMIT 1',
13:                          (code, date)).fetchone()
14:         return r[0]
15:
16:     def get_close_price_func(date, code):
17:         r = conn.execute('SELECT close FROM prices '
18:                          'WHERE code = ? AND date <= ? '
19:                          'ORDER BY date DESC LIMIT 1',
20:                          (code, date)).fetchone()
21:         return r[0]
22:
23:     def get_prospective_brand(date):
24:         """"購入する銘柄を物色　購入すべき銘柄の(コード，単元株数，比率)を返す
25:         """
26:         prev_month_day = date - relativedelta(months=1)
27:         sql = """
28:         WITH last_date_t AS (
29:             SELECT
30:                 MAX(date) AS max_date,
31:                 code,
32:                 think_tank
33:             FROM
34:                 ratings
35:             WHERE
36:                 date BETWEEN :prev_month_day AND :day
37:             GROUP BY
38:                 code,
39:                 think_tank
40:         ), avg_t AS (
41:             SELECT
42:                 ratings.code,
43:                 AVG(ratings.target) AS target_avg
44:             FROM
45:                 ratings,
46:                 last_date_t
47:             WHERE
48:                 ratings.date = last_date_t.max_date
49:                 AND ratings.code = last_date_t.code
50:                 AND ratings.think_tank = last_date_t.think_tank
51:             GROUP BY
```

```
52:             ratings.code
53:         )
54:     SELECT
55:         avg_t.code,
56:         brands.unit,
57:         (avg_t.target_avg / prices.close) AS rate
58:     FROM
59:         avg_t,
60:         prices,
61:         brands
62:     WHERE
63:         avg_t.code = prices.code
64:         AND prices.date = :day
65:         AND rate > 1.2
66:         AND prices.code = brands.code
67:     ORDER BY
68:         rate DESC
69:     LIMIT
70:         1
71:     """
72:     return conn.execute(sql,
73:                         {'day': date,
74:                          'prev_month_day': prev_month_day}).fetchone()
75:
76:     current_month = start_date.month - 1
77:
78:     def trade_func(date, portfolio):
79:         nonlocal current_month
80:         if date.month != current_month:
81:             # 月初め => 入金
82:             portfolio.add_deposit(reserve)
83:             current_month = date.month
84:
85:         order_list = []
86:
87:         # ±20パーセントで利確/損切り
88:         for code, stock in portfolio.stocks.items():
89:             current = get_close_price_func(date, code)
90:             rate = (current / stock.average_cost) - 1
91:             if abs(rate) > 0.2:
92:                 order_list.append(
```

```
 93:                    sim.SellMarketOrder(code, stock.current_count))
 94:
 95:        # 月の入金額以上持っていたら新しい株を物色
 96:        if portfolio.deposit >= reserve:
 97:            r = get_prospective_brand(date)
 98:            if r:
 99:                code, unit, _ = r
100:                order_list.append(sim.BuyMarketOrderAsPossible(code, unit))
101:
102:        return order_list
103:
104:    return sim.simulate(start_date, end_date, deposit,
105:                        trade_func,
106:                        get_open_price_func, get_close_price_func)
```

### 1．購入対象の銘柄の物色

　リスト3.7の肝は、get_prospective_brand関数内のSQL文（Line.27〜71）です。このSQLひとつで「3.4.2 毎月入金しながら目標株価をみて株を売買する戦略」に記載した「物色日の1か月前から物色日までに公開された各証券会社の目標株価の平均値が物色日の終値と比べ20%より高い銘柄のうち、その割合が最も高いひとつの銘柄（ただし、1か月の間にある証券会社がある銘柄について目標株価を複数回発表している場合、最後に発表された目標株価を利用する）」を見つけ出して、その銘柄の銘柄コードと単元株数を返してくれます。

　このSQL文は長いのですが、その内容は必要な情報を馬鹿正直に少しずつ上から順に求めているだけです。筆者のSQL力（？）が足りないだけで、もっとエレガントな書き方がきっとあるのでしょう。

### Line. 28〜40

　銘柄コードと証券会社ごとに、1か月前から物色日までの間で最後に目標株価を公開した日を求める。

### Line. 40〜53

　銘柄ごとに、それぞれの証券会社が1か月前から物色日までの間で最後に公表した目標株価の平均値を求める。

### Line. 54〜70

　銘柄ごとに物色日の終値に対する2.で求めた平均値の割合が20%より高い銘柄のうち、最も割合が高い1銘柄の銘柄コードと単元株数（と割合）を求める。

　このように必要なデーターがSQLiteなどのデーターベースに格納されていると、データーの検索がSQLを使って比較的容易に行えます。取得したデーターはSQLiteなどのデーターベースに格納しておくことをお勧めします。

第3章　取引戦略とバックテスト　81

## 2．シミュレーション時の始値・終値の取得方法

前回のゴールデンクロス・デッドクロス戦略のシミュレーション（リスト3.5）では、シミュレーションの開始直後に売買対象となる銘柄のすべての日足データーをpandasのDataFrameとして読み込んでいました。そのため、シミュレーションの間、それぞれの銘柄の初値・終値の情報はそのDataFrameを参照して求めるようにget_open_price_funcとget_close_price_funcを実装しました。

今回のシミュレーションでは、シミュレーション開始時点で取引対象の銘柄の情報をすべてDataFrameとして読み込むのはちょっと冗長です。というのも、次のSQLの結果が示す通り、私が入手した目標株価情報において、シミュレーションの期間内に目標株価が公表された銘柄数は1300以上にも及ぶからです。

```
sqlite> SELECT
   ...> COUNT(DISTINCT code)
   ...> FROM ratings
   ...> WHERE
   ...> date BETWEEN '2008-04-01' AND '2018-04-01';
1347
```

そのため、リスト3.7のget_open_price_funcとget_close_price_func関数が呼ばれるたびに、SQLiteのデーターベースより指定の銘柄の指定の日の始値・終値を取得するように実装しています。

### 3.4.5　目標株価を使った取引戦略のシミュレーション結果

リスト3.7のsimulate_rating_trade関数を用いて、「3.4.2 毎月入金しながら目標株価をみて株を売買する戦略」に示した条件のシミュレーションを実施した結果を図3.11と図3.12に示します。

図3.11: 目標株価を使った取引戦略のシミュレーション実行

```
[1]: import rating_trade
     import datetime
     from pandas_highcharts.display import display_charts


[2]: start_date = datetime.date(2008, 4, 1)
     end_date = datetime.date(2018, 4, 1)
     deposit = 1000000 # 最初の所持金
     reserve = 50000   # 毎月の所持金増加額
     ...

[3]: db_path = 'D:/pykabu_data/stock.db'
     ...

[4]: portfolio, result = rating_trade.simulate_rating_trade(db_path, start_date, end_date, deposit, reserve)

     2008-04-02 BUY code:4565 count:1200 price:853.0 deposit:1050000 -> 25772
     2008-05-15 BUY code:6458 count:100 price:738.0 deposit:75772 -> 1875
     2008-05-19 SELL code:4565 count:1200 price:595.0 deposit:1875 -> 715350
     2008-05-20 BUY code:9699 count:500 price:1228.0 deposit:715350 -> 100825
     2008-06-02 SELL code:9699 count:500 price:1480.0 deposit:100825 -> 840300
```

82 | 第3章　取引戦略とバックテスト

図3.12: 目標株価を使った取引戦略のシミュレーション結果

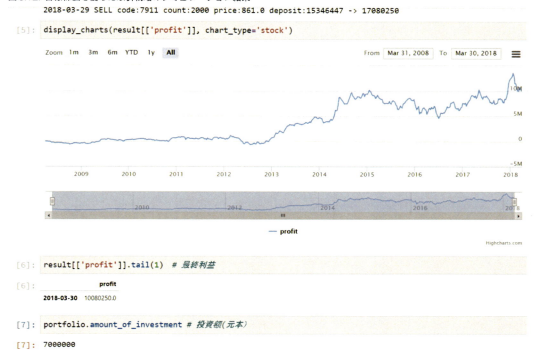

元手が100万円、毎月5万円を10年間積み立てているので最終的な元本は700万円です。その700万から得られた利益は約1008万円、最終的な所持金は約1708万円と元本に対して2.5倍以上に増えています。

でも、まだ喜んではいけません。「3.3.4 ゴールデンクロス・デッドクロス戦略のシミュレーション結果」で述べたのと同じように、目標株価は気にせずに適当な株を毎月購入して放置しているだけでも、同じぐらい、いやそれ以上の利益が得られたかもしれません。比較してみましょう。

ここでは日経平均に連動するETFを毎月買い続けた場合と比較してみます。日経平均は日本経済新聞社が公表している株価指数で、日経225などともよばれます。東証一部に上場している銘柄から225銘柄を選定し、それらの銘柄の株価を独自の計算で平均化して算出されます。単純に採用銘柄の株価の平均したのでは、株式分割・併合が行われたときや採用銘柄の見直しのときなどに指数の連続性が失われてしまいます。日経平均はそうならないようにするための工夫を行って算出されています。

日経平均に連動するETFは複数上場されていますが、最も出来高が大きい銘柄コード1321の「日経225連動型上場投資信託」を購入し続けることとします。初期所持金100万円、毎月の初めに5万円を入金し、その時の所持金で買えるだけ1321を購入。購入した1321はシミュレーション最終日まで売らずにホールドし、最終日に全部売却。このことをコードにしたものがリスト3.8です。コード中のcreate_stock_data関数はリスト3.5で実装したものです。

リスト3.8: 日経平均に連動するETFを積み立てるシミュレーションコード

```python
 1: def simulate_nikkei_tsumitate(db_file_name, start_date,
 2:                               end_date, deposit, reserve):
 3:
 4:     code = 1321
 5:     stocks = create_stock_data(db_file_name, (code,),
 6:                                start_date, end_date)
 7:     def get_open_price_func(date, code):
 8:         return stocks[code]['prices']['open'][date]
 9:
10:     def get_close_price_func(date, code):
11:         return stocks[code]['prices']['close'][date]
12:
13:     current_month = start_date.month - 1
14:     def trade_func(date, portfolio):
15:         nonlocal  current_month
16:         if date.month != current_month:
17:             # 月初め => 入金 => 購入
18:             portfolio.add_deposit(reserve)
19:             current_month = date.month
20:             return [sim.BuyMarketOrderAsPossible(code,
21:                                      stocks[code]['unit'])]
22:         return []
23:
24:     return sim.simulate(start_date, end_date,
25:                         deposit,
26:                         trade_func,
27:                         get_open_price_func,
28:                         get_close_price_func)
29:
30: start_date = datetime.date(2008, 4, 1)
31: end_date = datetime.date(2018, 4, 1)
32: deposit = 1000000
33: reserve = 50000
34: db_path = 'D:/pykabu_data/stock.db'
35: portfolio, result = simulate_nikkei_tsumitate(
36:     db_path, start_date, end_date, deposit, reserve)
```

　図3.13は、目標株価を使った戦略と日経平均に連動するETFを積み立てた場合の利益の推移を比較したものです。最終利益は、目標株価を用いて売買を繰り返す戦略が約1008万円、ETFを積み立てる戦略が約408万円となりました。全営業日2451日中、目標株価を用いる戦略がEFT積立戦略を

上回った日は2282日と全体の93%となりました。この結果だけをみれば、目標株価の情報は取引に「使える」ようです。

図3.13: 目標株価戦略（実線）と日経平均ETF積立戦略（破線）の利益の推移　（縦軸単位:万円）

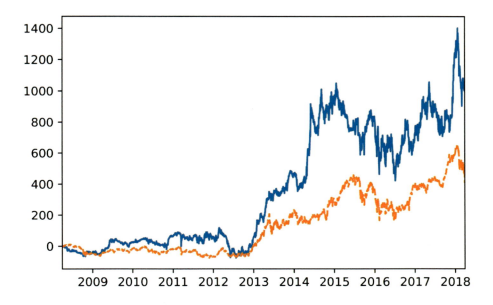

# 第4章　取引戦略の評価手法

　本章では、ある取引戦略をもとに行ったシミュレーションや実際の売買の結果から、取引戦略を評価する方法について解説します。

## 4.1　最終利益以外の評価方法の必要性

　第3章「取引戦略とバックテスト」では株の売買シミュレーターを作成し、簡単な例としてふたつの戦略のシミュレーションを行いました。

**ゴールデンクロス・デッドクロスでTOPIX Core 30銘柄を売買する戦略**

　種銭100万円からスタートして、本戦略とスタート時点でTOPIX Core 30に連動するETFを購入して放置し続ける戦略を比較したところ、本戦略の最終利益は8年で約69万円とETF購入後放置の約22万円より大きい結果になりました。

**目標株価と現在の株価の乖離が大きい銘柄を種銭を増やしながら売買する戦略**

　種銭100万円からスタートして毎月5万円ずつ種銭を増やしながら、本戦略と所持金の限り日経平均に連動するETFを購入して放置し続ける戦略とを比較したところ、本戦略の最終利益は10年間で約1008万円とETF購入後放置の約408万円より大きい結果になりました。

　いずれの戦略もシミュレーション最終日の利益が比較対象に対して大きくなる結果となりましたが、これだけでその戦略が良いと判断するのは早計です。例えば、大儲け・大損を繰り返すような戦略であった場合、たまたまシミュレーションの最終日が大儲け状態だったのかもしれません。

　戦略の良し悪しの判断には、シミュレーション最終日の利益だけの比較ではなく、様々な角度からの分析が必要です。本章では代表的な評価指標について解説します。

## 4.2　簡単な評価指標

　様々な評価指標のうち、まずは理解と実装が簡単なものについて紹介します

### 4.2.1　勝率

　勝率は全トレードに対する勝ちトレードの割合です。持っている株を売った時、または、空売り[1]していた株を買い戻したときに利益が出れば勝ちで、逆に損失がでれば負けです。

$$勝率 = \frac{勝ちトレード数}{全トレード数}$$

---

1. 信用取引における取り引きのひとつ。証券会社から株を借りて売り、その後買い戻すことで差額を得ること。株価が下落するときでも利益が出せますが、株を持っていない状態で取り引きを行うことからリスクがある取り引きです。

勝率は複数の戦略を比較する場合、他の条件が同一であれば低いより高いほうが当然よいと言えます。しかし、他の条件が違う場合は、必ずしも高い勝率が最終的に大きな利益とはならないことに注意が必要です。例えば、100回のトレードで小さな勝ちを99回達成しても、1回の大負けですべてがダメになってしまいます。逆に、99回小さな負けがあっても1回の大きな勝ちで大儲けということもあります。

### 4.2.2 ペイオフレシオ

ペイオフレシオは損益率などともよばれ、勝ちトレードの平均利益額が負けトレードの平均損失額の何倍かを表す指標です。

$$\text{ペイオフレシオ} = \frac{\text{勝ちトレードの平均利益額}}{\text{負けトレードの平均損失額}}$$

ペイオフレシオが1より小さいとき、それは1回の負けトレードの損失額を1回の勝ちでは取り返せないということを意味しています。なので、一般的にはペイオフレシオは小さいより大きいほうが望ましいと言えます。

損切りを早くに行うような戦略をとれば、平均損失額は小さくなるのでペイオフレシオは上がります。しかし、早くに損失を確定してしまうため、一般的に勝率は下がります。逆に、損切りをあまりしないようにすれば、ペイオフレシオは下がりますが、勝率は上がります。このように一般に勝率とペイオフレシオはトレードオフの関係にあります。もちろん両方が高い戦略が理想です。

### 4.2.3 プロフィットファクター

プロフィットファクターは、総利益が総損失の何倍かを表す指標です。

$$\text{プロフィットファクター} = \frac{\text{総利益}}{\text{総損失}}$$

最終的に利益がでる戦略のプロフィットファクターは1以上になります。

少ない損失で大きな利益を得られたほうが良いシステムと言えるため、プロフィットファクターがより大きい戦略の方が一般によいと言えます。

### 4.2.4 最大ドローダウン

ドローダウンは、累計利益または総資産額が極大値から一時的に落ち込んだときに、その落ち込み具合（下落率）を表す指標です。ドローダウンのうち最も大きい下落率を最大ドローダウンといいます（本書では総資産額で最大ドローダウンを計算します）。例えば図4.1において、最大ドローダウンは100から50への下落（70への下落ではない）のことをいい、この例であれば最大ドローダウンが50%であると言います。

図4.1: 最大ドローダウン（この図では50%）

シミュレーションにおける最大ドローダウンはあくまでシミュレーション上の話ですので、その戦略を実際の取り引きに利用した場合は、より大きな損失（ドローダウン）を経験する可能性があるとの覚悟が必要です。

様々な考えがありますが、シミュレーションから得られた最大ドローダウン値の1.5倍〜3倍程度の損失が発生しても、資金的に、そして何より精神的に耐えられそうかを考えて、その戦略を採用するか否かを決定するとよいでしょう。なお、図4.1のような最大ドローダウン50%という値が出た場合、その戦略は使えないと考えたほうがよいでしょう。

## 4.3 指標をシミュレーターに追加 その1

ここまでで紹介した勝率・ペイオフレシオ・プロフィットファクター・最大ドローダウンを計算する機能を第3章で作成したシミュレーターに追加します。

### 4.3.1 勝率・ペイオフレシオ・プロフィットファクターの計算

このシミュレーターは、常に買いから初めて売りでポジションを閉じることを前提にしているため、売りのタイミングでトレードの勝ち負けを判定することとします。つまり、ある銘柄について買い→買い増し→売りが行われた場合も、売りの時点でトレード1回と計算することにします。また、本計算において利益は税引き前の値を利用することとします。

ここでは資産管理と株の売買にかかるコストの計算を行うPortfolioクラスをリスト4.1のように改造して、売りのタイミング（sell_stockメソッド呼び出し時）でトレードの結果を記録し、その結果をもとに勝率・ペイオフレシオ・プロフィットファクターを計算するメソッドを追加しました。なお、省略のないコード全体はサポートページ（GitHub）[2]にありますので参考にしてください。

リスト4.1: Portfolioクラスへ指標計算機能を追加

```
1: class Portfolio(object):
2:     def __init__(self, deposit):
3:         : 略
4:         self.count_of_trades = 0  # トレード総数
5:         self.count_of_wins = 0    # 勝ちトレード数
```

---

2.https://github.com/BOSUKE/stock_and_python_book

```python
 6:        self.total_gains   = 0    # 総利益（損失分の相殺無しの値）
 7:        self.total_losses = 0     # 総損出
 8:
 9:    def sell_stock(self, code, count, price):
10:        """株を売る
11:        """
12:        : 略
13:        # 儲け計算
14:        profit = int((price - average_cost) * count - cost)
15:        self.total_profit += profit
16:
17:        # トレード結果保存
18:        self.count_of_trades += 1
19:        if profit >= 0:
20:            self.count_of_wins += 1
21:            self.total_gains += profit
22:        else:
23:            self.total_losses += -profit
24:
25:        : 略
26:
27:    def calc_winning_percentage(self):
28:        """勝率を返す"""
29:        return (self.count_of_wins / self.count_of_trades) * 100
30:
31:    def calc_payoff_ratio(self):
32:        """ペイオフレシオを返す
33:        """
34:        loss = self.count_of_trades - self.count_of_wins
35:        if self.count_of_wins and loss:
36:            ave_gain = self.total_gains / self.count_of_wins
37:            ave_losses = self.total_losses / loss
38:            return ave_gain / ave_losses
39:        else:
40:            return sys.float_info.max
41:
42:    def calc_profit_factor(self):
43:        """プロフィットファクターを返す
44:        """
45:        if self.total_losses:
46:            return self.total_gains / self.total_losses
```

```
47:         else:
48:             return sys.float_info.max
```

### 4.3.2　最大ドローダウンの計算

　第3章で作成したシミュレーターはその結果として、シミュレーション期間中の日々の総資産額（price）と累計利益（profit）を次のようなpandasのDataFrameとして返却します。

```
In [8]: result.head()
Out[8]:
                price     profit
2008-04-01  1050000.0        0.0
2008-04-02  1039572.0   -10428.0
2008-04-03  1053047.0     3047.0
2008-04-04  1022422.0   -27578.0
2008-04-07  1039572.0   -10428.0
```

　このDataFrameのprice（のSeries）から最大ドローダウンを求める関数を作成します。

　最大ドローダウンは次のように求めます。

1．シミュレーション開始日からある日までの総資産額の最大値と、その日の総資産額との差分を計算します。
2．1.の計算を、シミュレーション区間の毎日に対して行います。
3．2.の結果の最大値が最大の落ち込み幅であるため、その落ち込み幅を計算します。計算された値が最大ドローダウンです。

　ここでPandasの機能を使うと、1.と2.の処理を簡単に実装することができます。priceから最大ドローダウンを求める処理は、次のように書くことができます。

```
def calc_max_drawdown(prices):
    """最大ドローダウンを計算して返す
    """
    cummax_ret = prices.cummax()
    drawdown = cummax_ret - prices
    max_drawdown_date = drawdown.idxmax()
    return drawdown[max_drawdown_date] / cummax_ret[max_drawdown_date]

# calc_max_drawdown の呼び出し
calc_max_drawdown(result.price)
```

　ここで、cummaxメソッドはSeries（またはDataFrame）の累積最大値、すなわちあるindexについて、そのindexとそれより前にある全要素の最大値を求めて、その結果をそのindexに格納した

Series（またはDataFrame）を返すメソッドです。このメソッドにより、calc_max_drawdown関数の先頭2行で前述の1.と2.の処理が完了し、drawdownには日々の総資産額のその日までの最大値とその日の総資産額との差分が格納されます。

あとは、このdrawdownの中で最大の値をもつ要素のindexをidxmaxメソッドで求め、そのindexを使って最大ドローダウンの値を求めています。

## 4.4 リスクを考慮した評価指標

売買戦略を比較するとき、リスクに対して利益がどれだけ出ているかの考察が重要です。本節ではリスクを考慮した評価指標をいくつか紹介します。

### 4.4.1 リスクと標準偏差

日常会話において「リスク」とは主に「危険」を指すため、株などの投資においてリスクが高いといえば、損をする可能性が高いことを意味しているように思えます。

しかし、投資の世界においてリスクとは、リターン（収益）のブレ幅のことを指すのが一般的です。つまり投資の世界において、リスクが高いといえば、それは大きく損する可能性だけでなく、大きく得する可能性もあることを意味しています。

リスクは通常、リターンの標準偏差で表現されます。pythonのnumpyやpandasには標準偏差を求めるstdメソッドがあるため算出は簡単にできます。

しかし、このstdメソッドはデフォルトの引数で得られる値がnumpyとpandasで次のように異なることに注意が必要です。

```
In [35]: np.array(range(10)).std()
Out[35]: 2.8722813232690143          // numpy の std の結果（母標準偏差）


In [36]: pd.Series(range(10)).std()
Out[36]: 3.0276503540974917          // pandas の std の結果（不偏標準偏差）
```

これは、stdメソッドのデフォルト動作においてnumpyは母標準偏差を求めるの対し、pandasは不偏標準偏差を求めているためです。統計学において標準偏差を求めるとき、分析対象のデーターがすべてある場合は母標準偏差を求め、無い場合、すなわち一部のデーターから全体の状況を推定する場合は不偏標準偏差を求めます。

異なる取引戦略のシミュレーション結果の比較で、このふたつが不適切に混在していると正しい比較ができなくなるため、分析対象に合わせて適切な標準偏差を求める必要があります。しかし、シミュレーション結果の比較ということに限れば、そこまで厳密である必要はなく、母標準偏差と不偏標準偏差のどちらを使うかを統一してしておくというだけでも十分でしょう。本書ではpandasのデフォルトに合わせて不偏標準偏差を用います。

numpyもpandasもstdメソッドにddof引数を渡すことで、母標準偏差と不偏標準偏差のどちら

を求めるかを指定できます。0を指定すると母標準偏差を、1を指定すると不偏標準偏差です。例えば、numpyで不偏標準偏差を求めるには次のコードのように指定します。

```
In [37]: np.array(range(10)).std(ddof=1)  // 不偏標準偏差
Out[37]: 3.0276503540974917
```

### 4.4.2　シャープレシオ

「ハイリスク・ハイリターン」とか「ローリスク・ローリターン」などと言われるように、一般に高いリターン（利益）を求めようとすると、予想と結果が大きくぶれる確率が高まる、つまりリスクが高くなります。しかし、複数の売買戦略を比較した場合、リスクに対する期待のリターンは一定ではありません。安定して利益を出し続けることを目指すのであれば、リスクを抑えつつ高いリターンが期待できる戦略を見つけ出したいはずです。

リスクに対するリターンを表す指標のひとつがシャープレシオです。

シャープレシオは本来、「リスクに対し、安全資産（無リスク資産）に対する超過リターンがどの程度か」を示す値であるため、シミュレーションで得られたリターン（リスクをとって得られたリターン）から安全資産のリターン（預貯金などでリスクをとらずに得られるリターン）を引いた超過リターンがリスクに対してどれだけ大きいかを計算するのが主な使い方です。実際に投資信託などのパフォーマンスの指標としてシャープレシオを使う場合は、次の式で計算されます。

$$\text{シャープレシオ} = \frac{\text{収益率の期待値ー無リスク資産の収益率}}{\text{収益率の標準偏差}}$$

しかし、複数の売買戦略のシミュレーション結果の比較をする場合は、より簡単に次の式で求めた値を用いるので十分でしょう。実際に一般的なシステムトレードツールにおけるシャープレシオは次の式で求められた値が利用されています。

$$\text{シャープレシオ（簡易版）} = \frac{\text{収益率の期待値}}{\text{収益率の標準偏差}}$$

### 4.4.3　インフォメーションレシオ

インフォメーションレシオは、「リスクに対し、ベンチマークに対する超過リターンがどの程度か」を示す値です。

第3章でもゴールデンクロス・デッドクロスを利用した戦略、また目標株価で売買を行う戦略が有効かどうかを判断する比較対象として、TOPIX Core30や日経平均株価などの指数を利用しました。この比較対象となるものをベンチマークと言います。

インフォメーションレシオは次の式で計算されます。

$$\text{インフォメーションレシオ} = \frac{\text{超過収益率の期待値}}{\text{トラッキングエラー}}$$

$$\text{超過収益率} = \text{収益率} - \text{ベンチマークの収益率}$$

$$\text{トラッキングエラー} = \text{超過収益率の標準偏差}$$

### 4.4.4　ソルティノレシオ

　リスクとは期待からのブレであり、そのブレには期待外に損をした場合だけではなく、期待外に得をした場合も含まれます。しかし、私たちの目標は金を儲けることなので、期待外に儲けても困ることはなく、気にしなければならないのは損をする場合です。

　ソルティノレシオは、シャープレシオを改良したもので、収益が期待より下振れする場合のみをリスクとみなし、下落リスクに対する超過リターンがどのぐらいであるかを表す値です。

　ソルティノレシオは正確な定義に従うと次の式で表されます。

$$\text{ソルティノレシオ} = \frac{E(r) - T}{TDD}$$

$$TDD = \sqrt{\frac{1}{N}\sum_{i=1}^{N}(min(0, r_i - T))^2}$$

$$E(r) = \text{収益率の期待値}$$

$$T = \text{目標リターン}$$

$$N = \text{収益率の数}$$

$$r_i = i\text{ 番目の収益率}$$

　ここでT（目標リターン）は一般にはシャープレシオと同じように無リスク資産のリターンを使いますが、ソルティノレシオを複数の売買戦略のシミュレーション結果の比較をするのに用いる場合は、単純にT=0として問題ないでしょう。

### 4.4.5　カルマーレシオ

　カルマーレシオは次の式で表される指標です。

$$\text{カルマーレシオ} = \frac{\text{収益率の期待値—無リスク資産の収益率}}{\text{最大ドローダウン}}$$

　売買戦略を考えるなかで、最大ドローダウンはその戦略が安全であるかを判断する上で重要ですが、カルマーレシオは同じ安全さに対してどれだけ利益を上げられそうかという指標です。

　シミュレーション結果をもとに取引戦略を比較する上では、シャープレシオと同様に無リスク資産の収益率をゼロとして計算しても問題ないでしょう。

## 4.5 指標をシミュレーターに追加 その2

ここまでで紹介したシャープレシオ・インフォメーションレシオ・ソルティノレシオ・カルマーレシオを計算するコードをシミュレーターに追加します。

### 4.5.1 収益率を求める

シャープレシオなどの指標の計算には、単位時間ごとの収益率のデーターが必要です。今シミュレーターで検証している売買戦略は1日を単位に株の売買を行うものですので、日ごとの収益率を用意します。

あるX日の収益率は、その前の日である（X-1）日との間で種銭の追加を行っていない場合、次式であらわされます。

$$X\text{ 日の収益率} = \frac{X\text{ 日の総資産額} - (X - 1)\text{ 日の総資産額}}{(X - 1)\text{ 日の総資産額}}$$

途中で種銭を追加していない場合、日々の総資産額のデーターがあれば、python の pandas の pct_change というメソッドで簡単に日々の収益率を求めることができます。例として、$100 \rightarrow 120 \rightarrow 110 \rightarrow 150 \rightarrow 160$（万円）と資産評価額が変化した場合の収益率をそれぞれ求めてみると次のようになります。

```
In [4]: val = pd.Series([100,120,110,150,160])

In [5]: val
Out[5]:
0    100
1    120
2    110
3    150
4    160
dtype: int64


In [6]: val.pct_change()
Out[6]:
0         NaN
1    0.200000    # 収益率 20.0%
2   -0.083333    # 収益率 -8.3%
3    0.363636    # 収益率 36.4%
4    0.066667    # 収益率  6.7%
dtype: float64
```

X日目に種銭を追加する場合、X日目の総資産額には追加した種銭が含まれるため、X日目の収

94 | 第4章 取引戦略の評価手法

益率は日々の資産評価額に対するpct_changeメソッドの呼び出しでは求めることができません。第3章でも、毎月種銭を増やしながら取り引きする場合を想定してシミュレーションを行いました。

このシミュレーターは、「4.3.2 最大ドローダウンの計算」で述べた通りシミュレーションの結果として日々の累計利益を出力します。そこで、今回はX日の収益率を前日との累計利益の差と前日の総資産額から求めることにします。

「4.3.2 最大ドローダウンの計算」に記載したDataFarme resultから日々の収益率を求めるコードは次のように書くことができます。

```
In [28]: returns = (result.profit - result.profit.shift(1)) /
result.price.shift(1)

In [29]: returns.head()
Out[29]:
2008-04-01         NaN
2008-04-02   -0.009931
2008-04-03    0.012962
2008-04-04   -0.029082
2008-04-07    0.016774
dtype: float64
```

### 4.5.2　各種指標を求めるコード

日々の収益率のデーター（と純資産額のデーター）があれば、シャープレシオ・インフォメーションレシオ・ソルティノレシオ・カルマーレシオを求める関数はリスト4.2のように実装できます。ここで、コード中のcalc_max_drawdown関数は「4.3.2 最大ドローダウンの計算」で実装した関数です。

リスト4.2のLine.15行目、ソルティノレシオ計算式（「4.4.4 ソルティノレシオ」）のTDDを求める処理内のclip_upperメソッドは、Series（またはDataFrame）の各要素の値を引数で指定された値を上限にクリッピングしたSeries（またはDataFrame）を返すメソッドです。clip_upper（0）ならば0より大きい要素がすべて0となったSeries（またはDataFrame）が返ります。あとは戻り値のSeriesの各要素を二乗して（.pow（2）して）、それぞれの要素をすべて足し合わせれば（.sum（））、ソルティノレシオ計算式内のΣの計算が完了です。

リスト4.2: 各種指標を求める関数の実装

```
1: def calc_sharp_ratio(returns):
2:     """シャープレシオを計算して返す
3:     """
4:     # .meanは平均値(=期待値)を求めるメソッド
5:     return returns.mean() / returns.std()
6:
7: def calc_information_ratio(returns, benchmark_retruns):
```

第4章　取引戦略の評価手法　95

```
 8:        """インフォメーションレシオを計算して返す
 9:        """
10:        excess_returns = returns - benchmark_retruns
11:        return excess_returns.mean() / excess_returns.std()
12:
13: def calc_sortino_ratio(returns):
14:        """ソルティノレシオを計算して返す
15:        """
16:        tdd = math.sqrt(returns.clip_upper(0).pow(2).sum() / returns.size)
17:        return returns.mean() / tdd
18:
19: def calc_calmar_ratio(prices, returns):
20:        """カルマーレシオを計算して返す
21:        """
22:        return returns.mean() / calc_max_drawdown(prices)
```

|||||||||||||||||||||||||||||||||||||||||||||||||||||||||||||||||||||||||||||||||||||||||||||||||||

## 指標の比較について

本章で解説したシャープレシオなどの指標は、投資の世界で一般的に用いられているものです。

そのためある売買戦略について、それがどれだけイケているかを判断しようと、シミュレーションより求めた指標を、投資信託などの運用実績に書かれている同じ名前の指標と比べてしまいたくなりますが、それは正しい行いではありません。

なぜなら指標の計算の前提が同じとは限らないためです。例えば、シャープレシオを例にとると、まず一般に投資信託の運用実績は年次で表されます。一方、本章は日次のデーターをもとにシャープレシオを計算してます。また、本書では無リスク資産の収益率をゼロとしてシャープレシオを計算していますが、投資信託の運用実績は無リスク資産の収益率を考慮して計算されている可能性があります。

計算の前提が違うものを比べても意味がありません。本章で実装した指標を求める関数は、異なる売買戦略のシミュレーション結果を比較するためだけに利用するのが間違いありません。

|||||||||||||||||||||||||||||||||||||||||||||||||||||||||||||||||||||||||||||||||||||||||||||||||||

# 第5章 ファンダメンタルズを活用する取引戦略

　将来の株価の変化を予想する方法は、テクニカル分析とファンダメンタルズ分析とに大きく分類されます。

　テクニカル分析は、過去の株価や出来高の動きそのものから、将来の株価の推移を予想するものです。

　一方のファンダメンタルズ分析は、ファンダメンタルズと呼ばれる企業の財務諸表や競争優位性、企業が所属する産業の状況などからその企業の株の本来の価値を考察して、その結果を現在の市場価格と比較して将来の株価の推移を予測するものです。

　第3章「取引戦略とバックテスト」では、テクニカル分析における古典的手法であるゴールデンクロス・デッドクロスを利用して株の売買を行う戦略についてシミュレーションを行いました。

　本章では、インターネット上からファンダメンタルズ分析に用いられる各種情報を入手し、そのデーターを用いて売買する株を判断する簡単な戦略を実装してシミュレーションしてみます。

## 5.1　ファンダメンタルズ分析における代表的な指標

　ファンダメンタルズ分析でよく利用される指標は大きく二つに分けることができます。

　ひとつは該当の企業がどれだけ「良い企業」であるかを判断するのに有用な指標です。もう一つは、「割安・割高な株」を見つけるのに有用な指標です。本節ではそれぞれについて代表的な指標を紹介します。

### 5.1.1　良い企業を判断するために有用な代表的な指標

　良い企業とは例えば、

・これから先もどんどん成長が期待できる（成長性が高い企業）

・効率的に利益を上げている（収益性が高い企業）、

・経営が安定していて倒産しそうにない（安定性が高い企業）

などが該当するでしょう。これら成長性・収益性・安定性を見るのに有用な指標のうち、代表的なものを紹介します。

### ①成長性の判断に有用な指標

　どんどん売上も利益も伸ばしている企業は、今後も成長が期待できる企業と言っていいでしょう。上場企業は3か月ごと（四半期ごと）に四半期報告書という形で、また年度ごとに有価証券報告書という形で、売上高などの情報を公開することが義務づけられています。この報告書に記載される指標の中で、成長性の判断に活用できる代表的な指標を次に示します。なお、これら指標は上場企

業においては百万円単位で表記されることがほとんどです。その場合、売上高1,000という表記は売上高10億円を意味しています。

## 売上高

物やサービスを売り、提供する対価として手に入れたお金のことです。損益計算書の一番上の項目が売上高であることから、トップラインともよばれます。なお、銀行の報告書の中には売上高は登場せず、経常収益という言葉が登場しますが、銀行においては売上高のことを経常収益と呼ぶ、という理解でよいでしょう。

## 営業利益

営業利益は、売上高から原価と販売費および一般管理費（販管費）を引いた利益のことです。物やサービスを売って手に入れたお金から、原価だけでなく、物を売るために必要な人件費や広告費、光熱費などの費用を引いたものです。その企業がどれだけ本業でお金を儲けているかを示す重要な指標です。例えば、売上高が伸びているけどそれは広告をバンバン打ったおかげで、実は広告費の費用が多くて営業利益は伸びておらず、むしろ悪化して儲かってない、なんてことが良くあります。なお、銀行の報告書には営業利益は登場しません。

## 経常利益

経常利益は、営業利益に受け取り利息などの営業外収益を足して、銀行などに支払う利息などの営業外費用を引いたものです。財務面も含めた事業全体でどれだけ儲けているかを示す指標です。なお、銀行では経常収益から収益を上げるための様々な費用が引かれたものが経常利益として表されます。

## 最終利益（純利益）

企業は通常の活動以外での特殊な要因により、一時的に利益や損失が発生することがあります。この利益のことを特別利益とよび、損失のことを特別損失と呼びます。経常利益に特別利益を足し、特別損失を引き、最後に税金を引いた残りが最終的に儲けとしてその企業に残るお金、最終利益（純利益）です。特別利益の例としては、その企業が昔々から持っていた株式を売却して多額の利益を得た場合などが挙げられます。一方の特別損失の例としては、災害による損失が挙げられます。例えば東京電力は東日本大震災が発生した年に、原発関連やその他復旧等の費用として一兆円を超える額の特別損失を計上しています。こういった臨時の損益を企業の通常の活動の結果の損益と混ぜて計算してしまうと、その企業の実力が良く分からなくなってしまうため、特別利益・損失は分けておいて最後に経常利益へ足し引きすることになっています。

売上高も営業利益も経常利益も純利益もすべて右肩上がりで増えている企業は、成長性という意味では文句のない企業といえるでしょう。

## ②収益性の判断に有用な指標

効率的にお金を稼ぐことができているとき、収益性が高いといいます。収益性を示す代表的な指標を紹介します。

## 売上高営業利益率

営業利益を売上高で割った値です。この割合が大きいということは、その企業の本業において少ない費用で多くの利益を得ているということを意味しています。単価が高くてもみんなが買っ

てくれるような競争力の強い商品を提供している企業や、事業における無駄を徹底的に省いている企業などでは、この値は大きくなります。

### 売上高経常利益率

経常利益を売上高で割った値です。資金調達がうまくできているかなども含めた企業の総合的な収益性をみることができる指標です。例えば、借金の利息に苦しんでいる企業では、売上高営業利益率は高いのに売上高経常利益率が低くなります。

### ROE（自己資本利益率）

ROE（自己資本利益率）とは最終利益を自己資本で割った値です。自己資本とは返済の義務がない資本のことで、例えば自己資本の中には、株主からの出資で集めたお金（資本金）や、会社がこれまでに儲けた利益の累計金などが含まれます。これまでの利益自体、出資金を元手に儲けたものですので、ROEはその会社が株主からの投資資金を効率的に使ってお金を儲けたかを示す値であるといえます。

### ③安全性の判断に有用な指標

企業が倒産してしまうと、その企業の株は紙屑になってしまいます。そのような危険性がある企業の株価の上昇は期待できないでしょう。企業の安全性を示す代表的な指標について紹介します。

### 流動比率

流動比率は、1年以内に現金化することができる資産（流動資産）の額を、1年以内に支払期限が到来する負債（流動負債）で割った値です。この値が1（100％）を下回ることは、すなわち1年以内という期間で見たときに現金化できる資産より支払わなければならない負債の方が大きいということなので、その企業の支払い能力に懸念がある状態であるといえます。

### 自己資本比率

自己資本比率とは、返済の義務のない資本を総資本で割った値です。自己資本比率が高い会社は負債の割合が少ない会社ですので、一般に経営は安定し、倒産しにくい会社と言えます。

## 5.1.2　割安・割高な株を見つけるのに有用な代表的な指標

ある企業がいくら良い企業であっても、その企業の株の本質的な価値以上に株価が上昇してしまっている場合、それ以上の株価上昇は見込めません。今の株価が割安なのか割高なのかを判断するのに有用な指標のうち、代表的なものを紹介します。

### PER（株価収益率）

PERは現在の株価が一株当たりの利益（EPS）の何倍かを示す値です。EPSは最終利益（純利益）を発行済株式数で割ることで求められます。なお、PERの算出において最終利益はその期の予想数値を利用するのが一般的です。一般にPERの数値が低いほど割安な株であるといわれます。

### PBR（株価純資産倍率）

PBRは現在の株価が一株当たりの純資産（BPS）の何倍かを示す値です。BPSは純資産を発行済株式数で割ることで求められます。株式会社が解散するとき、株主は純資産を持ち株数に応じて分配してもらう権利を持っています。そのため、BPSは一株当たりの解散価値とも言われます。一般にPBRの数値が低いほど割安な株であるといわれます。

## 5.2　営業利益が拡大している銘柄を買う戦略

　本書では、株取引戦略の簡単な例として、前節で紹介した指標のうち営業利益に着目した戦略についてシミュレーションを行ってみます。

　営業利益はその企業がどれだけ本業で儲けているかを示す指標でした。営業利益がどんどん大きくなっている企業は成長性があり、成長性がある企業の株価は一般に上昇が見込まれます。そこで、営業利益が伸びている企業の株を狙って買う戦略を考えてみることにします。

### 5.2.1　戦略の具体化

　戦略をコード化してシミュレーションするにあたり、戦略とシミュレーションの内容を次のように具体化しました。

**① 過去3期の営業利益前年同期比が10%以上かつ期ごとに増加している企業を選ぶ**

　四半期決算が公開された銘柄について、その期を含めて過去3期の営業利益が前年同期比10％以上のプラス（増加）であり、かつ前年同期比が過去3期で連続増加している企業は、今後も成長が望める、株価が上昇する可能性が高いと考え、そのような企業の株を狙います。

　前年同期比とは、例えば、2018年4～6月期の営業利益であれば、2017年4～6月期の営業利益と比較することです。一方、2018年4～6月期の営業利益を2018年1～3月期の営業利益と比較する場合は、前期比といいます。

　例えば、スキー場を経営している日本スキー場開発（銘柄コード：6040）という企業の四半期ごとの営業利益をみると、11～1月期と2～4月期は黒字ですが、オフシーズンの5～7月期と8～10月期は赤字になっています。このような時期によって営業利益が大きく異なる企業について、前期比によって営業利益の増加具合をみるのは不適切です。

　ただし、前年同期比は1年前のデーターとの比較になるため、短期的な状況の変化をつかみにくいという欠点があります。短期的な情報を掴む場合は前期比を見た方がよい場合もあります。

　今回は、業種を問わず様々な企業の銘柄について物色を行うため、前年同期比を見ることにしました。

　①の条件を満たす銘柄とは、具体的な例で示すと、例えば2018年4～6月期の四半期報告書が公開されたときに、

　・2017年4～6月期に対する2018年4～6月期の営業利益の増加率をX1とし、
　・2017年1～3月期に対する2018年1～3月期の営業利益の増加率をX2とし、
　・2016年10～12月期に対する2017年10～12月期の営業利益の増加率をX3としたときに、
　・X1 ＞ X2 ＞ X3 ＞ 10％を満たす銘柄のことです。

**② 出来高が1億円以上の企業を選ぶ**

　「3.2.1 作成するシミュレーターの要件」で説明した通り、本書のシミュレーターはある日のザラバ終了後に次の日に売買する株を決める取り引きスタイルを前提に、シミュレーションを行います。

　今回のシミュレーションでは、その日に四半期報告書を公開した銘柄の中から①の条件を満たすものを購入する銘柄の候補とするわけですが、①の条件のみでは、シミュレーション結果と同じ戦

略を実際の売買で行った場合とで大きな乖離が生じる可能性があります。

　出来高が高い銘柄は一般に流動性が高く、最新の株価に近い値段での株の売買が可能ですが、逆に出来高が低く流動性が低い銘柄は、実際の売買においては最新の株価に近い値段で約定が可能だとは限りません。

　そこで、今回のシミュレーションにおいては、その日に四半期報告書を公開し、かつその日の出来高が1億円以上である銘柄から、①の条件を満たすものを選出することにしました。

### ③ 購入銘柄の最終決定と購入

　ある日において四半期決算が公開された銘柄のうち、①と②の条件をともに満たす銘柄が複数ある可能性があります。そのような場合は、3期分の営業利益の前年同期比の平均が最も高いものを、次の日の購入銘柄として選択することにしました。

　購入株数は代金が30万円以上となる最低の単元数としました。なお、所持金が不足しておりこの条件では1単元も選択した株が購入できない場合は、その日の株の購入は無しとすることにしました。

### ④ 利確・損切りのタイミングは2パターン用意

　購入した銘柄の終値が平均取得価額の+10%となった場合、その銘柄を次の日にすべて売ることとしました。

　一方、終値が平均取得価額より下回ったケースにおいては、損切りのタイミングの違いがどのような影響を及ぼすかの確認のために、−10%と−5%で損切りする2つのパターンでシミュレーションしてみました。

### ⑤ シミュレーション期間

　今回のシミュレーションで利用する各企業の四半期ごとの営業利益のデーターについて、筆者が入手しているのはおおよそ2013年中ごろからのデーターであるため、2015年前後にシミュレーション開始日を設定しました。具体的には2015年4月1日から2018年4月1日までをシミュレーション区間としました。

### ⑥ 所持金

　シミュレーション開始時の所持金（種銭）は300万円としました。

### 5.2.2　比較対象

　今回の営業利益の前年同期比をみて購入する株を選択する戦略が意味のある戦略であるかを判断するために、シミュレーションの開始日に日経平均に連動するETF（銘柄コード:1321）を所持金（種銭）で買えるだけ購入し保有し続ける場合との間で、総資産額と累積利益がどのように変化するかを比較します。

## 5.3　営業利益情報の準備

　今回のシミュレーションを行うためには、上場企業の四半期ごとの営業利益の情報が必要です。

### 5.3.1　ファンダメンタルズ情報の入手先

営業利益などのファンダメンタルズ情報の入手先の一例を次に示します。

#### ①EDINETから入手

http://disclosure.edinet-fsa.go.jp/

EDINETは、金融庁が所管する電子情報開示システムのことで、有価証券報告書や四半期報告書など、企業に提出が求められている各種の報告書をWEB上から無料で閲覧できます。企業が報告書を提出するのにもEDINETが利用されています。

EDINETでは、各報告書をPDF・HTML形式のほかにXBRLという規格に基づいたXMLファイルとして閲覧することができます。特にXBRLでは、様々な財務に関する数値データーがそのデーターの意味を示す情報と共に標準化された形式で保存されているため、プログラムから必要なデーターを抽出するのに適しています。

EDINETで閲覧可能なのは有価証券報告書であれば過去5年分です。一方、四半期報告書は9期分のみです。有価証券方向書の中にも四半期ごとの情報が記載されていますが、記載は売上高と最終利益（純利益）などだけで営業利益については書かれていません。

#### ②東証上場会社情報サービスから入手

https://www.jpx.co.jp/listing/co-search/index.html

東証上場会社情報サービスは、東京証券取引所が提供しているサービスであり、四半期決算などの決算に関する情報であれば過去5年分がWEBからダウンロードできます。

東証上場会社情報サービスからもPDF形式のみならずXBRL形式でダウンロードができます。

#### ③株関連情報提供サイトから入手

次に示すのは、過去の決算情報などをスクレイピングなどにて入手しやすい方式で提供している株関連情報提供サイトの例です。第2章で紹介したPyQueryやseleniumなどを利用すれば、比較的容易に必要な情報を抽出することができます。

**有報キャッチャー**

http://ufocatch.com/　（図5.1）

**株探**

https://kabutan.jp/　（図5.2）

図5.1: 有報キャッチャー

図5.2: 株探

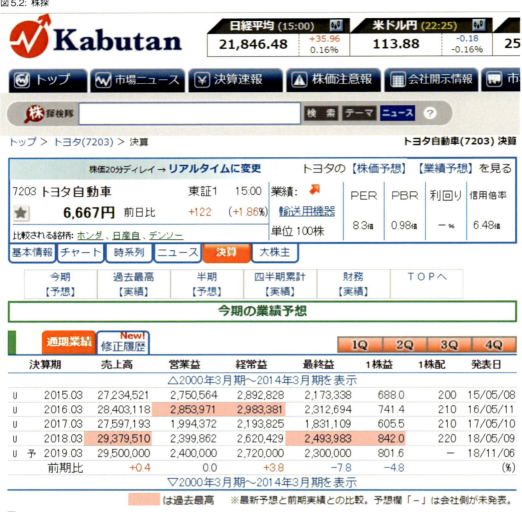

## 5.3.2 データーの保存方法

前節で紹介したサイトなどから入手したファンダメンタルズ情報も、四本値などの情報と同じくデーターベースに格納しておくと、プログラムからの参照が楽です。

営業利益を含む四半期ごとの決算情報を筆者はSQLiteの次のようなquarterly_resultsテーブルに格納して管理しています。

```
CREATE TABLE quarterly_results (
    code TEXT,          -- 銘柄コード
    term TEXT,          -- 決算期 （例：2018年4〜6月期ならば2018-06）
    date TEXT,          -- 決算発表日
```

```
    sales INTEGER,        -- 売上高（単位：百万円）
    op_income   INTEGER,  -- 営業利益（単位：百万円）
    ord_income INTEGER, -- 経常利益（単位：百万円）
    net_income INTEGER -- 最終利益（単位：百万円）
);
```

## 5.4　戦略の実装

「5.2.1 戦略の具体化」に記載した内容のシミュレーションを行うためのPythonのコードをリスト5.1に示します。simulate_op_income_tradeがシミュレーションのメイン関数です。詳しくはコードに続いて説明します。

リスト5.1: 営業利益が拡大している銘柄を買う戦略のシミュレーション

```
 1: import simulator as sim
 2: import sqlite3
 3: import pandas as pd
 4: import numpy as np
 5:
 6: def simulate_op_income_trade(db_file_name,
 7:                              start_date,
 8:                              end_date,
 9:                              deposit,
10:                              growth_rate_threshold,
11:                              minimum_buy_threshold,
12:                              trading_value_threshold,
13:                              profit_taking_threshold,
14:                              stop_loss_threshold):
15:     """
16:     営業利益が拡大している銘柄を買う戦略のシミュレーション
17:     Args:
18:         db_file_name: DB(SQLite)のファイル名
19:         start_date:    シミュレーション開始日
20:         end_date:      シミュレーション終了日
21:         deposit:       シミュレーション開始時点での所持金
22:         growth_rate_threshold ：購入対象とする銘柄の四半期成長率の閾値
23:         minimum_buy_threshold ：購入時の最低価格
24:         trading_value_threshold：購入対象とする銘柄の出来高閾値
25:         profit_taking_threshold：利確を行う閾値
26:         stop_loss_threshold:   ：損切りを行う閾値
27:     """
```

第5章　ファンダメンタルズを活用する取引戦略　105

```
28:        conn = sqlite3.connect(db_file_name)
29:
30:    def get_open_price_func(date, code):
31:        """date日におけるcodeの銘柄の初値の取得"""
32:        r = conn.execute('SELECT open FROM prices '
33:                         'WHERE code = ? AND date <= ? '
34:                         'ORDER BY date DESC LIMIT 1',
35:                         (code, date)).fetchone()
36:        return r[0]
37:
38:    def get_close_price_func(date, code):
39:        """date日におけるcodeの銘柄の終値の取得"""
40:        r = conn.execute('SELECT close FROM prices '
41:                         'WHERE code = ? AND date <= ? '
42:                         'ORDER BY date DESC LIMIT 1',
43:                         (code, date)).fetchone()
44:        return r[0]
45:
46:    def get_op_income_df(date):
47:        """date日の出来高が閾値以上であるに四半期決算を公開した銘柄の銘柄コード、
48:        単元株、date日以前の四半期営業利益の情報、date日以前の四半期決算公表日を
49:        取得する
50:        """
51:        return pd.read_sql("""
52:                        WITH target AS (
53:                            SELECT
54:                                code,
55:                                unit,
56:                                term
57:                            FROM
58:                                quarterly_results
59:                                JOIN prices
60:                                USING(code, date)
61:                                JOIN brands
62:                                USING(code)
63:                            WHERE
64:                                date = :date
65:                                AND close * volume > :threshold
66:                                AND op_income IS NOT NULL
67:                        )
68:                        SELECT
```

第5章　ファンダメンタルズを活用する取引戦略

```
69:                         code,
70:                         unit,
71:                         op_income,
72:                         results.term as term
73:                     FROM
74:                         target
75:                         JOIN quarterly_results AS results
76:                         USING(code)
77:                     WHERE
78:                         results.term <= target.term
79:                 """,
80:                 conn,
81:                 params={"date": date,
82:                         "threshold": trading_value_threshold})
83:
84:
85:     def check_income_increasing(income):
86:         """3期分の利益の前年同期比が閾値以上かつ単調増加であるかを判断。
87:         閾値以上単調増加である場合は3期分の前年同期比の平均値を返す。
88:         条件を満たさない場合は0を返す
89:         """
90:         if len(income) < 7 or any(income <= 0):
91:             return 0
92:
93:         t1 = (income.iat[0] - income.iat[4]) / income.iat[4]
94:         t2 = (income.iat[1] - income.iat[5]) / income.iat[5]
95:         t3 = (income.iat[2] - income.iat[6]) / income.iat[6]
96:
97:         if (t1 > t2) and (t2 > t3) and (t3 > growth_rate_threshold):
98:             return np.average((t1, t2, t3))
99:         else:
100:            return 0
101:
102:    def choose_best_stock_to_buy(date):
103:        """date日の購入対象銘柄の銘柄情報・単位株を返す"""
104:        df = get_op_income_df(date)
105:        found_code = None
106:        found_unit = None
107:        max_rate = 0
108:        for code, f in df.groupby("code"):
109:            income = f.sort_values("term", ascending=False)[:7]
```

第5章 ファンダメンタルズを活用する取引戦略　107

```python
110:            rate = check_income_increasing(income["op_income"])
111:            if rate > max_rate:
112:                max_rate = rate
113:                found_code = code
114:                found_unit = income["unit"].iat[0]
115:
116:        return found_code, found_unit
117:
118:    def trade_func(date, portfolio):
119:        """date日の次の営業日の売買内容を決定する関数"""
120:        order_list = []
121:
122:        # 売却する銘柄の決定
123:        for code, stock in portfolio.stocks.items():
124:            current = get_close_price_func(date, code)
125:            rate = (current / stock.average_cost) - 1
126:            if rate >= profit_taking_threshold or \
127:               rate <= -stop_loss_threshold:
128:                order_list.append(
129:                    sim.SellMarketOrder(code, stock.current_count))
130:
131:        # 購入する銘柄の決定
132:        code, unit, = choose_best_stock_to_buy(date)
133:        if code:
134:            order_list.append(
135:                sim.BuyMarketOrderMoreThan(code,
136:                                           unit,
137:                                           minimum_buy_threshold))
138:
139:        return order_list
140:
141:    # シミュレーターの呼び出し
142:    return sim.simulate(start_date, end_date, deposit,
143:                        trade_func, get_open_price_func,
144:                        get_close_price_func)
145:
```

　第3章で作成したシミュレーターは、シミュレーションを行う関数（simulate）の引数として次の情報を渡すと、次の営業日の売買内容を決定する関数をシミュレーション期間の各営業日ごとに呼び出しながらシミュレーションを行います。

・シミュレーション期間（開始日・終了日）

・シミュレーション開始時の所持金

・次の営業日の売買内容を決定する関数

・指定された銘柄の指定された日の始値を取得する関数

・指定された銘柄の指定された日の終値を取得する関数

リスト5.1では次の日の売買内容を決定する関数としてLine.118のtrade_funcを渡してシミュレーターを起動しています（Line.142）。

trade_funcでは、まずは現在保有している銘柄のうち売却を行う銘柄を決定しています（Line.123〜129）。評価額が指定の閾値以上 or 以下となった銘柄について、保有する全株数の売り注文を予約します（Line.129）。

購入候補の銘柄は次に示すステップで選んでいきます。もっとエレガントな書き方があるかもしれませんが、愚直に求めています。

1．その日に四半期決算が公開された銘柄うち、その日の出来高が閾値以上である銘柄の銘柄コード・単元株・公開された四半期決算の期（2018年6月期など）の一覧を取得する。この処理はget_op_income_df関数（Line.46）内のSQL分のWITH句（Line.52〜67）で行っています。ただし、営業利益（op_income）の情報がない銘柄は除外します。

2．1.で選択したすべての銘柄について、その日に公開された四半期決算を含め、それより前に公開された四半期決算内の営業利益の一覧を、その決算が公開された日と共に取得し、1.で取得した銘柄コード・単元株の情報とともにpandasのDataFrameとして得る。この処理は、get_op_income_df関数内のSQL分の残りの部分で行っています。

3．2.で得られたDataFrameに対し、銘柄コードごとに最新の営業利益を7世代分を入手し（Line.108〜109）、過去3期分の営業利益の前年同期比が単調増加かつ、営業同期比が閾値以上であるかをチェックします。この処理は、check_income_increasing関数で実施しています（Line.85〜100）。本関数は条件を満たす場合は、3期分の前年同期比の平均値を返します。

4．3.の処理をすべての銘柄に対して行い、最も3期分の前年同期比の平均値が高い銘柄を購入対象とします。

5．4.で選択した銘柄について現在の所持金で買えるだけの株を買う予約をします（Line.132〜137）。

## 5.5　シミュレーション結果

### 5.5.1　利益の推移

営業利益が伸びている企業の株を買う戦略において＋10％で売って利益を確定し、－10％で損切りをする場合、または＋10％で利益を確定し－5％で損切りをする場合、そして比較対象として日経平均（NIKKEI255）に連動するETFを購入後放置し続ける場合の3つについて、シミュレーション期間中の利益の推移をグラフにしたものが図5.3です。

図5.3: シミュレーション結果（利益推移）

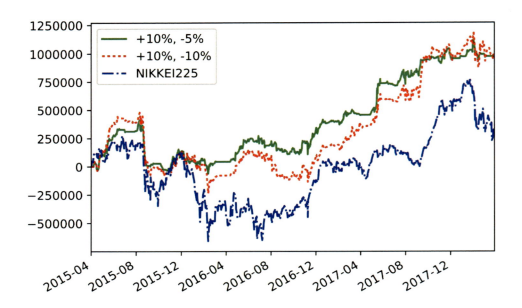

　300万円を元手としてスタートして、最終的に＋10％で利益を確定、－10％で損切りする場合の利益は977,281円、＋10％で利益を確定、－5％で損切りの場合は973,011円、ETFを持ち続ける場合は302,445円という結果になりました。この結果を見ると、少なくとも今回のシミュレーションの条件下に限れば、営業利益が伸びている企業の株を買う戦略は、日経平均に連動するETFを買う戦略より儲かるといえます。

### 5.5.2　評価指標の比較

表5.1: シミュレーション結果の比較

| 指標 | +10/-10% | +10/-5% | 日経平均 |
| --- | --- | --- | --- |
| 最終利益 | 977,281 | 973,011 | 302,445 |
| 勝率 | 57.1% | 49.0% | - |
| ペイオフレシオ | 1.16 | 1.73 | - |
| プロフィットファクター | 1.54 | 1.66 | - |
| 最大ドローダウン | 20.6% | 13.9% | 28.5% |
| シャープレシオ | 0.0515 | 0.0662 | 0.0165 |
| ソルティノレシオ | 0.0722 | 0.0958 | 0.0229 |
| カルマーレシオ | 0.000279 | 0.000349 | 0.000065 |

　シミュレーション結果について、第4章「取引戦略の評価手法」で紹介した各種の指標を計算し

たものが表5.1です。ETFを持ち続ける戦略（日経平均）については、勝ち・負けトレードという概念がないため、勝率・ペイオフレシオ・プロフィットファクターについては計算を行っていません。

### 5.5.3　シミュレーション結果への考察

　表5.1と図5.3を見ながらそれぞれのシミュレーション結果について考えていきます。

　まず、勝率とペイオフレシオについて考えます。損切りを－10％としたものに比べ、損切りを－5％にしたものは、早々に負けを認めてしまう（？）ため勝率は下がる一方で、勝ちトレードの平均利益額が負けトレードの平均損失額の何倍かを表すペイオフレシオは損失額が抑えられるため値が大きくなっています。想定通りの結果でしょう。－5％で損切りする方は、勝率が50％を割っているのに最終的には利益を得られています。儲かる取引戦略を考えるときに勝率だけを考えても意味がないことが、理解できると思います。

　次に、総利益が総損失の何倍かを示すプロフィットファクターを見てみます。損切りを早くして総損失を抑えようとして、それ以上に総利益も低下してしまっては大きく稼ぐことはできません。今回のケースで見れば、－5％で損切りする方がプロフィットファクターが大きいため、この指標によれば今回のシミュレーションにおいては－10％で損切りするより－5％で損切りする方が良い戦略であるといえます。

　次に、リスクに関係する指標を見てみます。最大ドローダウン・シャープレシオ・ソルティノレシオ・カルマーレシオの全指標において、日経平均に連動するETFを購入して放置し続けるものに対して、営業利益が伸びている企業の株を買う戦略が良い値となっており、また、損切りについては－10％で行うものより－5％で行うものの方が良い値になっています。

　図5.3を見ると日経平均はシミュレーション期間中、何回か大きく下落していますが、営業利益が伸びている企業の株を買う戦略は、－10％で損切り、－5％で損切りのいずれも日経平均ほどの下落を見せていません。このことは、下落リスクに対する超過リターンがどのくらいであるかを示す指標であるソルティノレシオなどの数値の差からも読み取ることができます。

　最終利益だけを見ると、－10％で損切りを行う方が－5％で行うものに対してわずかに儲かっているため、より良い戦略であると思ってしまいます。しかしそのほかの指標をみると、今回のシミュレーションにおいては－5％で損切りする方がより良いと判断できるでしょう。このように、シミュレーション結果より実際に利用する取引戦略を決定する際には、最終利益だけでなくその他の指標についても確認を行う必要があること分かっていただけたことと思います。

第5章　ファンダメンタルズを活用する取引戦略　｜　111

# 第6章　つぎの一歩の前に

　本章では、本書を参考にPythonを活用した株取引を始めようと思った方向けに追加で伝えておきたいことを記載します。

## 6.1　オーバーフィッティングに注意

　様々な戦略を考え、売買条件の細かなパラメータを変えながらシミュレーションを繰り返した結果、凄く儲かる戦略・パラメータが見つかったとしましょう。しかし、それを実際の取り引きに適用したら全く儲からないということがあり得ます。このような場合、その戦略やパラメータが戦略検討時のデーターに対してオーバーフィッティングしていることが疑われます。

　オーバーフィッティングはカーブフィッティングや過剰適合、過学習などとも言われ、検討時のデーター（機械学習などの用語で言えば訓練データー）に対しては良い結果がでるようにできているのに、検討では使わなかったデーター（機械学習などの用語でいえばテストデーター）に対しては対応できない状態になっていることを表す言葉です。

　立てた戦略やパラメータがオーバーフィッティングしていないかを確かめるには、その検討時に利用したデーターとは別のデーターでシミュレーションを行ってその結果を確認するとよいでしょう。具体的なやり方としては次のような方法が考えられます。

- ・全銘柄のうち一部の銘柄で戦略の検討を行い、検討に使わなかった銘柄でオーバーフィッティングしていないか最終確認する。
- ・一部の期間のデーターで戦略の検討を行い、検討に使わなかった期間でオーバーフィッティングしていないか最終確認する。

## 6.2　「取り引きを高速化して儲ける」はお勧めできません

　Pythonなどで作成したプログラムは、人間より速く情報を入手し、判断して、行動できます。そのため市場の値動きなどを随時監視して、儲けられるチャンスがあればすかさず株を売買するようなプログラムを作成すれば、人手でちまちまと株を売買している人を出し抜くことが出来そうです。

　しかし、取り引きルール（戦略）で勝負するのであればともかく「高速化」によって他の市場参加者より儲けようと思うのは、筆者はお勧めできません。

　このようなプログラムで高速に取り引きを行うことで儲けようとする取り引き手法やそのシステムのことは、High Frequency Trading 略してHFT（日本語に訳すと高頻度取引）と呼ばれており、今や東証の全注文の7割を超える数がこのHFTによる注文だと言われています。

　東証に上場している株の売買は、東証の売買システムで処理されますが、東証のシステム外にあるシステムから注文をだして東証のシステムにその注文が届くまで、また最新の気配値を取得する

には数ミリ秒かかります。

　東証はコロケーションサービスという東証データーセンタ内に市場参加者のサーバーを設置し、東証のシステムにダイレクトに接続できるサービスを提供しています。このサービスを使うと注文や気配値の取得が数マイクロ秒（東証のページによれば4.7マイクロ秒）でできるそうです。

　「数ミリ秒では遅すぎる。マイクロ秒だ！」と言っているHFTの世界に速さで勝負をかけるのは、無謀すぎます。やめましょう。

著者紹介

## 宮部 保雄（みやべ やすお）

BIOSやファームウエアなどの低レイヤーソフト開発に従事。2005年より主に趣味の電子工作をネタにした技術系同人活動を始め現在に至る。もっと早くから株式投資を始めればよかった、が人生の後悔のひとつ。

◎本書スタッフ
アートディレクター/装丁：岡田章志＋GY
編集協力：飯嶋玲子
デジタル編集：栗原 翔

〈表紙イラスト〉
亀井芽衣（かめい めい）
会社員兼イラストレーター。同人の表紙絵やゲーム立ち絵等描いています。ごはんおいしい。Twitter: @ka_mayx2

**技術の泉シリーズ・刊行によせて**
技術者の知見のアウトプットである技術同人誌は、急速に認知度を高めています。インプレスR&Dは国内最大級の即売会「技術書典」（https://techbookfest.org/）で頒布された技術同人誌を底本とした商業書籍を2016年より刊行し、これらを中心とした『技術書典シリーズ』を展開してきました。2019年4月、より幅広い技術同人誌を対象とし、最新の知見を発信するために『技術の泉シリーズ』へリニューアルしました。今後は「技術書典」をはじめとした各種即売会や、勉強会・LT会などで頒布された技術同人誌を底本とした商業書籍を刊行し、技術同人誌の普及と発展に貢献することを目指します。エンジニアの〝知の結晶〟である技術同人誌の世界に、より多くの方が触れていただくきっかけになれば幸いです。

株式会社インプレスR&D
技術の泉シリーズ　編集長 山城 敬

●お断り
掲載したURLは2018年11月1日現在のものです。サイトの都合で変更されることがあります。また、電子版ではURLにハイパーリンクを設定していますが、端末やビューアー、リンク先のファイルタイプによっては表示されないことがあります。あらかじめご了承ください。
●本書の内容についてのお問い合わせ先
株式会社インプレスR&D　メール窓口
np-info@impress.co.jp
件名に『本書名』問い合わせ係」と明記してお送りください。
電話やFAX、郵便でのご質問にはお答えできません。返信までには、しばらくお時間をいただく場合があります。なお、本書の範囲を超えるご質問にはお答えしかねますので、あらかじめご了承ください。
また、本書の内容についてはNextPublishingオフィシャルWebサイトにて情報を公開しております。
https://nextpublishing.jp/

●落丁・乱丁本はお手数ですが、インプレスカスタマーセンターまでお送りください。送料弊社負担 てお取り替えさせていただきます。但し、古書店で購入されたものについてはお取り替えできません。
■読者の窓口
インプレスカスタマーセンター
〒 101-0051
東京都千代田区神田神保町一丁目 105 番地
TEL 03-6837-5016／FAX 03-6837-5023
info@impress.co.jp
■書店／販売店のご注文窓口
株式会社インプレス受注センター
TEL 048-449-8040／FAX 048-449-8041

技術の泉シリーズ
株とPython―自作プログラムでお金儲けを目指す本

2018年12月28日　初版発行Ver.1.0（PDF版）
2019年4月5日　　Ver.1.1

著　者　宮部 保雄
編集人　山城 敬
発行人　井芹 昌信
発　行　株式会社インプレスR&D
　　　　〒101-0051
　　　　東京都千代田区神田神保町一丁目105番地
　　　　https://nextpublishing.jp/
発　売　株式会社インプレス
　　　　〒101-0051　東京都千代田区神田神保町一丁目105番地

●本書は著作権法上の保護を受けています。本書の一部あるいは全部について株式会社インプレスR&Dから文書による許諾を得ずに、いかなる方法においても無断で複写、複製することは禁じられています。

©2018 Yasuo Miyabe. All rights reserved.
印刷・製本　京葉流通倉庫株式会社
Printed in Japan

ISBN978-4-8443-9884-4

●本書はNextPublishingメソッドによって発行されています。
NextPublishingメソッドは株式会社インプレスR&Dが開発した、電子書籍と印刷書籍を同時発行できるデジタルファースト型の新出版方式です。https://nextpublishing.jp/